Lutte intégrée contre le flétrissement fusarien du niébé

S.J. Sreeja
V.K. Girija

Lutte intégrée contre le flétrissement fusarien du niébé

Mesures physiques, chimiques et biologiques

ScienciaScripts

Imprint

Any brand names and product names mentioned in this book are subject to trademark, brand or patent protection and are trademarks or registered trademarks of their respective holders. The use of brand names, product names, common names, trade names, product descriptions etc. even without a particular marking in this work is in no way to be construed to mean that such names may be regarded as unrestricted in respect of trademark and brand protection legislation and could thus be used by anyone.

Cover image: www.ingimage.com

This book is a translation from the original published under ISBN 978-3-659-86178-9.

Publisher:
Sciencia Scripts
is a trademark of
Dodo Books Indian Ocean Ltd. and OmniScriptum S.R.L publishing group

120 High Road, East Finchley, London, N2 9ED, United Kingdom
Str. Armeneasca 28/1, office 1, Chisinau MD-2012, Republic of Moldova, Europe

ISBN: 978-620-8-34604-1

Copyright © S.J. Sreeja, V.K. Girija
Copyright © 2024 Dodo Books Indian Ocean Ltd. and OmniScriptum S.R.L publishing group

Contenu

CHAPITRE 1. INTRODUCTION 2

CHAPITRE 2. REVUE DE LA LITTÉRATURE 4

CHAPITRE 3. MATÉRIAUX ET MÉTHODES... 17

CHAPITRE 4. RÉSULTATS 25

CHAPITRE 5. DISCUSSION 40

RÉSUMÉ 47

RÉFÉRENCES 49

CHAPITRE 1. INTRODUCTION

Le niébé végétal, également connu sous le nom de haricot long *(Vigna unguiculata* subsp. *sesquipedalis* (L.) Verdcourt) est une légumineuse importante des tropiques dont le centre d'origine a été signalé en Afrique et qui a été introduite sur le sous-continent indien il y a environ 2000 à 3500 ans. Elle peut être consommée à différents stades de son développement : feuilles vertes, gousses vertes, pois verts et grains secs, ainsi qu'à des fins fourragères. Il s'agit d'une source peu coûteuse de protéines végétales, facilement digestibles, relativement moins chères et présentant des valeurs biologiques plus élevées. La capacité à fixer l'azote atmosphérique confère à cette culture une importance agricole. Le système racinaire bien ramifié permet de mieux fixer le sol et de lutter contre l'érosion. Le niébé est donc une culture précieuse qui fait partie intégrante des systèmes de rotation des cultures.

En raison des conditions agro-climatiques favorables, cette culture a gagné en importance au Kerala et occupe désormais une place de choix parmi les cultures légumières produites dans l'État. Mais la production de niébé est entravée par une série de maladies, *à savoir le* flétrissement fusarien, l'anthracnose, la brûlure de la toile et la pourriture du collet, la rouille, l'oïdium, la tache des feuilles Cercospora, la pourriture des gousses Choanephora, la pourriture de la tige Pythium, les maladies virales, *etc.* qui provoquent la suppression de la croissance ou la mort des plantes, ce qui entraîne une réduction du rendement et de la productivité. Parmi les diverses maladies, le flétrissement fusarien est apparu comme la principale maladie fongique affectant les cultures au Kerala.

Le flétrissement fusarien du niébé, qui peut entraîner une perte totale de rendement, se manifeste par un gonflement de la tige basale, un jaunissement, un flétrissement et un affaissement des feuilles, un dessèchement des vignes et, occasionnellement, par un aplatissement anormal de la tige le long de l'extrémité de croissance des plantes affectées.

L'application de fongicides est l'approche la plus simple et la plus fiable pour lutter contre les maladies dans les cultures commerciales. Toutefois, le recours excessif à ces produits agrochimiques a entraîné des problèmes de pollution de l'environnement, de développement de souches résistantes, de destruction de la flore et de la faune bénéfiques, ainsi qu'une dégradation de la santé humaine due à la consommation de légumes. Récemment, le Central Insecticide Board and Registration Committee a approuvé un certain nombre de nouvelles molécules qui sont écologiquement sûres avec des profils toxicologiques plus faibles et qui sont nécessaires à des doses beaucoup plus faibles que leurs homologues antérieurs. Les résultats de cette étude aideront à trouver des options plus sûres pour les producteurs de légumes du Kerala grâce au dépistage des fongicides de nouvelle génération homologués contre le redoutable pathogène du flétrissement qui paralyse la culture du niébé.

L'intégration des méthodes culturales, biologiques et chimiques d'une manière compatible est essentielle pour parvenir à une solution durable pour la gestion des agents pathogènes des plantes. La présente étude envisage l'intégration de fongicides efficaces de nouvelle génération avec des pratiques respectueuses de l'environnement afin de développer un paquet IDM pour lutter contre le flétrissement fusarien du niébé et d'augmenter la production avec le moins de perturbations possible pour le sol et l'environnement.

CHAPITRE 2. REVUE DE LA LITTÉRATURE

2.1. L'INCIDENCE, LA GRAVITÉ ET L'ÉTENDUE DE LA PERTE DE RENDEMENT DUE À LA FUSARIOSE

Le flétrissement fusarien a été signalé comme affectant plusieurs cultures de légumineuses et la perte de rendement due à la maladie varie en fonction du stade auquel elle se produit. Le flétrissement fusarien a été signalé pour la première fois sur niébé aux Etats-Unis (Orton, 1902), alors qu'il a été signalé pour la première fois en Inde par Singh et Sinha (1955). Le flétrissement du niébé a été remarqué dans les champs des agriculteurs du district de Thiruvananthapuram au Kerala depuis 1995-1996 (Reghunath *et al.*, 1995). Les pertes de rendement en graines dues au flétrissement fusarien allaient de 9,11 à 80,30 % et de 8,30 à 86,51 % dans les cultivars de niébé BR-17 Gurgueia et IPA-206, respectivement, dans le nord-est du Brésil (Assuncao *et al.*, 2003).

Les rapports du Pakistan indiquent que la productivité du pois chiche est inférieure à la moyenne mondiale et qu'elle est incertaine, irrégulière et faible, avec environ 10 % de la production mondiale (Auckland et Vander-Maesan, 1980). Cortes *et al.* (1998) ont signalé que le flétrissement fusarien était la plus importante maladie du pois chiche transmise par le sol, en particulier dans le sous-continent indien, le bassin méditerranéen et la Californie. Les attaques de l'agent pathogène détruisent complètement la culture ou provoquent des pertes de rendement significatives. Les pertes annuelles de rendement du pois chiche dues au flétrissement fusarien ont été estimées à 10 % en Inde et en Espagne et à 40 % en Tunisie. Le flétrissement fusarien a réduit le rendement du pois chiche en diminuant à la fois le rendement et le poids des graines. Ces effets sont liés à la date de semis, au cultivar de pois chiche et à la virulence de la race dominante de *Fusarium oxysporum* f. sp. *ciceris* (Cortes *et al.*, 2000).

Les pertes dues au flétrissement du pois d'Angole au Kenya varient d'une quantité négligeable à 100 % en fonction du stade de la culture et des facteurs environnementaux (Kannaiyan et Nene, 1981). Kannaiyan *etal.* (1984) ont noté une incidence de 15,9 %, 36,6 % et 20,4 % due au flétrissement fusarien du pois d'Angole au Kenya, au Malawi et en Tanzanie respectivement, avec une perte annuelle estimée à 5 millions de dollars US dans chacun de ces pays. En Inde, les pertes annuelles dues au flétrissement fusarien du pois d'Angole ont été estimées à 71 millions de dollars US pour les cultivars sensibles (Reddy *et al.*, 1993). En Tanzanie, une incidence du flétrissement fusarien atteignant 96 % a été observée sur le pois d'Angole (Mbwaga, 1995). Le flétrissement fusarien a causé des pertes économiques d'environ 470000 t de grains en Inde et 30000 t de grains en Afrique (Joshi *et al.*, 2001). Kiprop (2001) a signalé une incidence du flétrissement de 0 à 96,1 % sur le pois d'Angole au cours d'une enquête de terrain menée dans les provinces de l'Est, de la Côte, du Centre et de Nairobi au Kenya pendant les stades de floraison, de formation des gousses et de gousses sèches. Saxena *et al.* (2002) ont observé que la perte totale due au flétrissement du pois d'Angole était d'environ 97000 t/an en Inde.

Le flétrissement et la pourriture des racines causés par Fusarium ont causé des dommages importants et réduit le rendement moyen du soja jusqu'à 59 % (Sinclair et Backman, 1989). Les pertes de rendement dues à la pourriture des racines du soja causée par le Fusarium vont de légères à près de 50 %. Avec l'augmentation des cultures continues, la pourriture des racines est devenue de plus en plus grave dans le soja, affectant le rendement ainsi que la qualité (Li *et al.*, 2010).

Selon Maheswari *et al.* (1981), la maladie du complexe wilt a causé une perte de rendement de 13,9 à 95 % dans les champs de pois en Inde du Nord. Le wilt du Fusarium a causé une perte totale de la culture dans des conditions favorables au développement de la maladie et est devenu un facteur limitant majeur pour la culture des lentilles là où la culture était cultivée (Chaudhary et Amaijit, 2002). Selon Zian (2005), le flétrissement fusarien est l'une des maladies les plus destructrices du lupin blanc, entraînant de graves pertes de rendement et de qualité des semences.

Naseri (2008) a signalé que le flétrissement fusarien des haricots secs était un problème économique majeur dans le nord-ouest de l'Iran, avec des pertes de rendement allant jusqu'à 70 %. Les pertes de rendement des semences dues à la pourriture des racines du Fusarium chez les haricots rouges sensibles se sont révélées supérieures à 50 % (Akrami *et al.*, 2012). Selon Sivaprasad *et al.* (2013), la productivité du gramme noir en Inde a été gravement entravée par des maladies causées par des bactéries, des champignons et des virus. Le pourcentage de perte de rendement dû à divers facteurs biotiques était de l'ordre de 40 à 60 %, dont le pathogène fongique *Fusarium oxysporum* causant la maladie du flétrissement représentait à lui seul 10 à 25 %.

2.2. SYMPTOMATOLOGIE DE LA FUSARIOSE

Singh et Sinha (1955) ont observé que le flétrissement du niébé causé par *F. oxysporum* f sp. *tracheiphilum* se manifestait par un flétrissement soudain et franc de l'ensemble des jeunes plantes et que chez les plantes matures, le flétrissement était souvent précédé d'un jaunissement des feuilles, qui se flétrissaient rapidement, laissant une tige sèche et nue. Senthil (2003) a décrit que les symptômes du flétrissement fusarien du niébé commençaient par un jaunissement du feuillage suivi d'une défoliation. Les racines ainsi que les parties inférieures de la tige pourrissent, ce qui entraîne le dessèchement des vignes situées au-dessus. Dans les cas les plus graves, la partie inférieure de la tige et la partie supérieure de la racine pivotante forment ensemble une structure gonflée ressemblant à un tubercule qui devient progressivement déchiqueté et désintégré.

Khare (1980) signale que les symptômes du flétrissement vasculaire des lentilles se manifestent par un flétrissement des feuilles supérieures qui ressemble à une carence en eau, un rabougrissement des plantes, un rétrécissement et un enroulement des feuilles de la partie inférieure des plantes qui remontent progressivement le long de la tige de la plante infectée. Les plantes sont finalement devenues complètement jaunes et sont mortes. Les symptômes au niveau des racines comprenaient une croissance réduite avec une décoloration brune marquée, les extrémités des racines pivotantes étaient endommagées et la prolifération des racines secondaires au-dessus de la racine pivotante. La décoloration des tissus vasculaires de la tige inférieure n'était pas toujours visible. Les symptômes généraux au stade de la plantule comprenaient la pourriture des graines et un affaissement soudain ressemblant davantage à un flétrissement et à un dessèchement.

Selon la description des symptômes faite par Nene *et al.* (1991), les plantules de pois chiches infectées par le flétrissement fusarien se sont effondrées et sont tombées sur le sol en conservant leur couleur vert terne. Les plantes adultes présentaient les symptômes typiques du flétrissement, à savoir la chute des pétioles, du rachis et des folioles. Les racines des plantes flétries ne présentaient pas de pourriture externe, mais lorsqu'elles étaient ouvertes verticalement, une décoloration brun foncé du xylème interne était visible. Les gousses des plantes flétries semblaient normales mais les graines étaient généralement plus petites, ridées et décolorées.

Les symptômes du flétrissement fusarien du pois se manifestent par un retournement vers le bas des feuilles et des stipules, les feuilles plus anciennes des plants de pois infectés devenant sèches et cassantes. La partie basale d'une plante infectée devient brune et décolorée avant la partie apicale en raison de la progression du champignon dans les tissus vasculaires (Haglund et Kraft, 2001).

Kurmut *et al.* (2002) ont observé que la pourriture des racines de la féverole causée par *F. nygami* présentait une pourriture noire des racines et un dépérissement du système racinaire latéral. Les plantes sévèrement infectées présentaient un chancre noir au niveau du sol. Ces symptômes sont généralement accompagnés d'une perte de turgescence des feuilles, suivie d'un brunissement et de la mort des feuilles intactes.

Selon Jasnic *et al.* (2005), les symptômes du flétrissement du soja comprennent la chlorose des feuilles, le flétrissement de la partie apicale de la plante, la nécrose de la racine et de la partie inférieure de la tige, et le flétrissement de la plante entière. Les gousses étaient souvent peu développées. Les graines sont plus petites, plus légères et infectées.

Karimi *et al.* (2012) ont décrit les symptômes du pois d'Angole comme étant une chlorose progressive des feuilles, un éclaircissement des nervures, un flétrissement partiel et un effondrement du système racinaire. Le symptôme interne le plus caractéristique était une bande pourpre s'étendant vers le haut à partir de la base de la tige principale. Le xylème a développé des stries noires et a donné lieu à des bandes brunes ou pourpres foncées sur la surface de la tige des plantes partiellement flétries, s'étendant vers le haut à partir de la base et visibles lorsque la tige principale ou les branches primaires ont été fendues. L'intensité du brunissement ou du noircissement diminuait de la base à l'extrémité de la plante. Parfois, les branches inférieures présentaient des symptômes de dépérissement avec une bande pourpre s'étendant de l'extrémité vers le bas avec un noircissement intense du xylème interne.

2.3. CARACTÉRISATION DE L'AGENT PATHOGÈNE

2.3.1. Caractérisation morphologique et culturale de *Fusarium* spp.

Dans la nature, les agents pathogènes des plantes existent sous la forme de différentes souches qui présentent des variations dans leurs caractéristiques morphologiques et culturelles, leur pathogénicité et leur virulence. Pour comprendre la situation actuelle des maladies des plantes et prévoir leur évolution possible, il est essentiel d'en savoir le plus possible sur la variabilité des champignons pathogènes pour les plantes.

Madhukeshwara (2000) a étudié la variabilité morphologique et culturale de six isolats de *F. oxysporum* f sp. *udum* causant le flétrissement du pois d'Angole. Tous les isolats varient en termes de croissance, de mycélium, de pigmentation et de sporulation. La plupart des isolats ont produit un mycélium blanc cotonneux, une pigmentation jaune pâle à rouge sombre et une sporulation modérée à abondante sur le milieu PDA. Les tailles des micro et macro conidies étaient respectivement de 6 - 8 x 2 - 3 µm et de 19 - 26 x 3,5 µm. Les septations variaient de 2 à 5 dans les macroconidies et de 0 à 1 dans les microconidies. Les macroconidies étaient en forme de faucille avec des extrémités pointues et hyalines. Les microconidies étaient ovales et hyalines.

Desai *et al.* (2003) ont observé que la taille des micro et macro conidies de *F. oxysporum* f. sp. *ricini* causant le flétrissement du ricin variait de 5,25 à 14,00 µm x 3,50 à 7,00 µm et de 17,5 à 70,00 µm x 3,50 à 5,25 µm, respectivement. Les isolats très virulents ont produit une sporulation abondante, tandis que les isolats modérément virulents ont produit une sporulation médiocre.

Honnareddy et Dubey (2007) ont décrit les caractéristiques morphologiques et culturales de différents isolats de *F. oxysporum* f sp. *ciceris* causant le flétrissement du pois chiche, collectés dans les principales zones de culture du pois chiche en Inde. Les isolats présentaient une pigmentation variable du milieu, allant du blanc normal au violet, au brun, au violet rougeâtre, au violet verdâtre, au rose jaunâtre et au vert foncé. L'intensité de la couleur variait en fonction de l'âge et de la température. La plupart des isolats produisaient un mycélium aérien et duveteux et quelques-uns produisaient un mycélium plat et supprimé. Le nombre de sporulations variait de $0,4 \times 10^6$ à $2,3 \times 10^6$ conidies/ml. Des chlamydospores ont été observées dans des cultures de dix jours de tous les isolats. Elles étaient soit terminales, soit intercalaires et se formaient seules ou par paires, mais rarement en chaînes. Tous les isolats ont produit d'abondantes microconidies et macroconidies. Kumar *et al.* (2012) ont estimé que les isolats de *F. oxysporum* f. sp. *ciceri* collectés dans la région du plateau oriental de l'Inde semblaient différer les uns des autres en ce qui concerne leurs caractéristiques morphologiques et pathogènes. Les chlamydospores produites étaient soit terminales soit intercalaires et le nombre de sporulation variait de 0,4 x 10^6 à 1,0 x 10^6 conidies/ml.

Chavan (2007) a rapporté que les isolats de *F. solani* causant le flétrissement du patchouli présentaient une croissance modérée, couvrant la plaque d'agar en 6 à 10 jours. La colonie était clairsemée à dense, de couleur blanc grisâtre à rosâtre. Le pathogène a produit trois types de spores : macroconidies, microconidies et chlamydospores. Les microconidies étaient abondantes, hyalines, cylindriques, à une ou deux cellules et mesuraient 6,60 - 19,80 µm x 3,30 - 6,60 µm. Les macroconidies étaient 3 - 4 septées et mesuraient 29,70 - 47,85 µm x 4,95 - 6,60 µm. Les chlamydospores étaient hyalines, sphériques et unicellulaires et mesuraient 8,25 - 11,5 µm x 6,60 - 9,90 µm. Ils étaient produits individuellement ou parfois en chaînes.

Mwangombe *et al.* (2008) ont rapporté que les isolats kenyans de *F. solani* f. sp. *phaseoli* sur haricot commun présentaient une grande variabilité dans les caractéristiques des colonies sur milieu PDA. La texture du mycélium était soit duveteuse soit fibreuse et les couleurs des colonies observées étaient pourpre, rose et blanche. Les hyphes des isolats cultivés étaient très ramifiés, minces, septés et produisaient des conidies et des chlamydospores. Les microconidies observées sur les isolats étaient 0 - 1 septées, et leur longueur variait de 6,0 à 13,0 µm, tandis que la largeur variait de 2,8 à 3,6 µm. Les macroconidies les plus couramment observées de tous les isolats étaient composées de 3 à 7 septums. La longueur x la largeur moyennes des macroconidies était de 36 x 4,0 µm.

Chandran et Kumar (2012) ont étudié la variabilité culturale et morphologique des isolats de *F. solani*, un agent de la pourriture sèche des racines des agrumes. La plupart des isolats ont poussé de plus de 85 mm après sept jours d'inoculation. Un mycélium blanc, dense et duveteux avec des anneaux concentriques ou un mycélium surélevé avec des bords lisses a été observé pour les isolats. Une sporulation modérée à abondante a été observée. La pigmentation des isolats variait du rose pâle au rouge sombre ou du jaune pâle au jaune foncé. La taille des macro conidies variait de 13 - 15 pm x 3 - 4 pm à 27 - 29 pm x 4 - 5 pm et la taille des micro conidies variait de 3 - 4 pm x 1-2 pm à 9 - 10 pm x 1 - 3 pm. Le nombre de septa dans les macro conidies et les micro conidies était respectivement de 3 à 5 et de 0 à 1 et les conidies étaient hyalines. Les macro conidies étaient en forme de faucille avec une extrémité émoussée et les micro conidies étaient de forme ronde à ovale. Des chlamydospores intercalaires et terminales ont été observées dans tous les isolats de *F. solani*.

Motlagh (2010) a observé les caractéristiques de *F. equiseti* associé à *Echinochloa* spp. comme un mycélium abondant initialement blanc devenant brun avec l'âge. Une pigmentation brun pâle à brun foncé a été observée. Les macroconidies sont longues et minces avec une courbure dorsiventrale. La cellule apicale est effilée et allongée ou en forme de fouet. La cellule basale est en forme de pied et d'apparence allongée. Le nombre de septa est généralement de 5 à 7. Les microconidies sont absentes. Zainudin *et al.* (2011) ont noté que parmi les espèces de *Fusarium* associées à la pourriture fusarienne de l'épi du maïs, *F. equiseti, F. longipes,* et *F. pseudograminearum* ne produisaient que des macroconidies sans microconidies.

2.3.2. ITS - Identification moléculaire basée sur les séquences de *Fusarium* spp.

Les gènes de l'ARN ribosomique (ADNr) possèdent des caractéristiques qui conviennent à la détection des agents pathogènes au niveau de l'espèce. L'unité répétée de l'ADNr contient des régions géniques et non géniques ou des régions d'espacement. Chaque unité répétée se compose d'une copie de l'ADNr 18S, 5,8S et 28S et de deux espaceurs, l'espaceur transcrit interne (ITS) et l'espaceur intergénique (IGS) (O'Donnell, 1992). Les gènes de l'ADNr ont été utilisés pour analyser les principaux événements évolutifs parce qu'ils sont très conservés, tandis que l'espaceur transcrit interne de l'ADNr (ITS 1 et ITS 2) est plus variable, de sorte qu'il a été utilisé pour étudier les relations au niveau des espèces (Bruns *et al.*, 1991) et a été utilisé pour classer les espèces fongiques en raison de son utilité systématique et taxonomique (Chillali *et al.*, 1998).

Mishra *et al.* (2000) ont montré que la comparaison des séquences ITS pouvait être utilisée pour regrouper les isolats de *Fusarium* en deux sections, l'une comprenant *Discolor, Sporotrichiella* et *Gibbosum* et l'autre comprenant *Elegans, Liseola, Martiella* et *Roseum*, et qu'elle résolvait les problèmes d'identification et de taxonomie des *Fusarium* spp. en particulier au niveau de la section. Shahnazi *et al.* (2012) ont identifié les isolats de *F. solani* et de *F. proliferatum* responsables de la maladie du jaunissement du poivre noir sur la base du séquençage des régions ITS 1 et ITS 2 et de l'ADN ribosomique 5.8S et ont confirmé que cette technique moléculaire permettait d'identifier les *Fusarium* au niveau de l'espèce.

2.4. LUTTE INTÉGRÉE CONTRE LA FUSARIOSE

La lutte contre les maladies des plantes est couronnée de succès lorsque toutes les informations disponibles concernant la culture, son agent pathogène, les conditions environnementales, les mesures de lutte et leurs coûts sont prises en compte pour contrôler la maladie. La gestion intégrée des maladies implique la sélection et l'application d'une gamme harmonieuse de stratégies de lutte qui minimisent les pertes et maximisent les rendements.

L'amendement du sol avec des résidus de feuilles de chou en combinaison avec la solarisation du sol avec un paillis de polyéthylène transparent (25 µm) pendant 40 jours a entraîné une augmentation de 9,8°C de la température maximale moyenne et l'élimination complète de *F. oxysporum* f. sp. *gladioli* à 5 cm de profondeur du sol (Raj *et al.*, 2005). La solarisation du sol, seule ou en combinaison avec un traitement des semences au thirame + bénomyl (1:1) @ 3 g/kg de semences, a réduit le flétrissement du pois d'Angole à hauteur de 22,8 % et 22,6 % au cours de la première année et de 16,3 % et 15,7 % au cours de la deuxième année respectivement (Gade *et al.*, 2007). L'intégration de la solarisation du sol pendant 15 jours en été, suivie de la culture du sorgho en *kharif* et de l'application soit de granulés de carbendazime @ 10 kg/ha un mois après le semis, soit de *T. viride* dans un support organique @ 62,5 kg/ha, s'est avérée très efficace pour la gestion du flétrissement du cumin (Jadeja et Nandoliya, 2008). La solarisation du sol pendant une période de 40 jours en combinaison avec le trempage des cormes dans du carbendazime + iprodione suivi de deux arrosages du sol avec le même fongicide a enregistré la plus faible incidence de flétrissure fusarienne du glaïeul (Chandel et Tomar, 2011). L'intégration de la solarisation du sol avec l'application de *T. harzianum*, d'extrait de neem et de captane (0,01 %) a permis de réduire de 100 % la flétrissure fusarienne de la tomate dans les champs de légumes du Bengale occidental (Ojha et Chatterjee, 2012).

Des études menées par Senthil (2003) ont révélé que la combinaison du traitement des semences (4 g/kg de semences) et de l'application au sol (2,5 kg/ha) de *T. viride*, l'application au sol de tourteau de neem 150 kg/ha et l'arrosage au sol de mancozèbe (0,3 %) ont efficacement supprimé le flétrissement fusarien du niébé dans le Kerala et ont également augmenté de manière appréciable la biomasse et le rendement en gousses de la culture. Madhavi et Bhattiprolu (2011) ont indiqué que l'intégration du trempage des racines des semis avec du carbendazime (0,1 %), l'ajout de vermicompost @ 100 g/kg de sol, l'arrosage de la combinaison de fongicides carbendazime + mancozèbe (0,2 %) ainsi que l'application au sol de *T. viride* @ 100 g/pot se sont avérés très efficaces contre *F. solani*, responsable du flétrissement du piment, avec une mortalité minimale des plantes (5,83 %). Les essais menés par Hossain *et al.* (2013) ont révélé que l'intégration du traitement du sol avec l'isolat T-75 de *T. harzianum*, l'extrait de feuille d'*Azadirachta indica* et le traitement des semences avec Provax-200 s'est avérée significativement supérieure pour réduire le flétrissement et améliorer le rendement des semences de pois chiche par rapport à toute application simple ou double de ces produits dans le champ.

Des expériences menées à l'Université agricole du Tamil Nadu pour la gestion intégrée du flétrissement du bananier ont révélé que l'application basale de tourteau de neem à 0,5 kg/plante + l'immersion des drageons dans une suspension de spores de *P. fluorescens* pendant 15 minutes + l'application au sol de *P. fluorescens* à 10 g/plante à 3,5 et sept mois après la plantation ont montré la plus grande suppression de la maladie du flétrissement (Saravanan *et al.*, 2003). Zote *et al.* (2007) ont rapporté que l'application sol/semence de *T. viride* a enregistré la plus faible incidence de flétrissement du pois chiche (19,04 - 33,33 %), la plus forte réduction du flétrissement (66,67 - 80,86 %) et la germination maximale des semences (86,73 - 90.00 %), suivies par les applications au sol de tourteau de neem et de tourteau de ricin, qui ont enregistré 86,60 % et 85,40 % de germination des semences, 38,09 % et 47,60 % d'incidence du flétrissement et 61,91 % et 52,40 % de réduction du flétrissement, respectivement. Les essais au champ menés par Bhatnagar *et al.* (2012) ont révélé qu'une combinaison de lombricompost en application au sol @ 1,5 t/ha + gâteau de neem en application au sol @ 0,5 t/ha et carbendazime en traitement de semences @ 2 g/kg de semences a enregistré l'incidence minimale de flétrissement du cumin de 5,6 % et le rendement le plus élevé de 6,25 q/ha.

Chattopadhyay et Sastry (1999) ont rapporté que le traitement des semences avec du carbendazime (0,1 %) et une souche tolérante au fongicide *de T. viride (Tv* Mut), associé à une application au sol de chlorure de potassium @ 20 kg/ha, a permis d'obtenir le rendement le plus élevé et une réduction maximale (82,7 %) de l'incidence du flétrissement du carthame et de la population de *F. oxysporum* dans le sol de la rhizosphère. L'application combinée de sulfate de manganèse (12,5 mg/kg) + *T. harzianum* (1,25 mg/kg de sol) a réduit de manière significative l'incidence du flétrissement de la luzerne, accompagnée d'une amélioration de la croissance et du rendement des plantes en culture en pot (Adhilakshmi *et al.,* 2008). Une combinaison de traitement des semences avec du carbendazime @ 2 g/kg de semences + application au sol de *P. fluorescens* et de *T. viride* @ 2,5 kg/ha chacun dans du fumier @ 50 kg/ha a enregistré la plus faible incidence moyenne de flétrissement du pois chiche de 7,25 % avec un rendement moyen de 1203,17 kg/ha (Mahesh *et al.,* 2010). Une réduction significative (13,81 %) de l'incidence du flétrissement du pois d'Angole a été observée dans le traitement combiné des semences de métirame (0,1 %) + *T. viride*, ce qui était équivalent à *T. viride* seul (20,26 %) par rapport au contrôle (52,23 %) (Ram et Pandey, 2011).

2.4.1. Solarisation des sols

La solarisation du sol est une méthode simple, sûre et efficace qui consiste à chauffer le sol en le recouvrant d'une feuille de polyéthylène transparente pendant les périodes chaudes afin de lutter contre les maladies transmises par le sol.

Desai et Dange (2003) ont évalué l'effet de la solarisation du sol sur le flétrissement du ricin et ont rapporté que la solarisation a augmenté la température moyenne du sol de 8,53° C à 10 cm de profondeur et a réduit la population de pathogènes de 67,25 %, l'incidence du flétrissement de 38,43 % et a augmenté le rendement des graines de ricin de 124,68 % par rapport aux parcelles non solarisées. Tamietti et Valentino (2006) ont observé que la semi-solarisation et la solarisation complète pendant cinq années consécutives ont augmenté la température moyenne du sol à 25 cm de profondeur de 8,6 - 12,6°C et de 12,6 - 16,3°C, respectivement, réduit la population indigène de *Fusarium* spp. de 2-7 x 10^3 à 0 - 25 cfu/g de sol et l'incidence du flétrissement de 82 - 90 %.

La solarisation du sol avec une couverture plastique LLDPE de 25 μm pendant 15 jours en été s'est avérée très efficace pour réduire l'incidence du flétrissement du cumin à 26,27 % contre 44,09 % en l'absence de solarisation et a augmenté le rendement à 396 kg/ha contre 286 kg/ha dans les parcelles non solarisées (Jadeja et Nandoliya, 2008). Les effets de la solarisation du sol contre le flétrissement du lin ont indiqué que la réduction moyenne de l'incidence du flétrissement était de 58,7 % quatre semaines après la solarisation, suivie de trois semaines (41,0 %), deux semaines (25,5 %) et une semaine (18,5 %). Le rendement supplémentaire était respectivement de 109,0 %, 66,9 %, 58,0 % et 18,4 % (Kishore *et al.*, 2008).

La solarisation avec une feuille de polyéthylène transparent et une feuille de plastique biodégradable de 25 µm d'épaisseur pendant 40 jours a entraîné une augmentation de la température maximale moyenne du sol de 5,6 et 3,0°C, respectivement à l'intérieur de la serre poly et a réduit l'incidence du flétrissement de l'œillet de 81,82 et 63,63 % respectivement (Negi et Raj, 2013). Saremi et Saremi (2013) ont essayé la solarisation du sol pour la gestion de *F. pseudograminearum, F. solani* et *F. oxysporum,* les agents causaux de la maladie du flétrissement du blé, du haricot et du palmier dattier, respectivement. Après six semaines de solarisation, les densités de population de ces espèces ont diminué de 900 à 100 ufc/g pour *F. solani*, de 600 à 50 ufc/g pour *F. oxysporum* et de 550 à 0 ufc/g pour *F. pseudograminearum*, ce qui montre un résultat prometteur dans le contrôle des agents pathogènes du sol.

La littérature sur l'effet de la solarisation du sol dans l'amélioration des paramètres de croissance et de rendement des plantes est également passée en revue ici. Kumar *et al.* (2002b) ont noté que la solarisation des champs de tomates à l'aide d'une feuille de polyéthylène transparent de 0,05 mm a permis d'obtenir les plantes les plus hautes (78,4 cm), des fruits de grande taille (0,893 kg/plante), le plus grand nombre de branches par plante (8,20 par plante), l'indice de surface foliaire (2,563), le rendement des cultures (21,6 t/ha), le revenu brut (Rs 10 0306 /ha), le revenu net (Rs 80 451 /ha) et le rapport bénéfice/coût (1 : 4,05). Les effets de la période de solarisation du sol sur la productivité du soja ont révélé que la solarisation pendant quatre et cinq semaines avec un polyéthylène transparent a nettement augmenté les attributs de rendement tels que le nombre de gousses par plante, le poids de 1000 graines, le nombre de graines par gousse et le rendement en graines du soja, tandis que le rendement en graines le plus élevé (1645 kg/ha) a été obtenu avec une solarisation de cinq semaines, qui était supérieure de 110 % au rendement en graines des parcelles non solarisées (Singh *et al.*, 2004).

Patel *et al.* (2008) estiment que la hauteur maximale des plantes, le nombre de branches, le nombre de gousses par plante, l'accumulation totale de matière sèche ainsi que les rendements en gousses et en fanes de l'arachide ont été enregistrés lorsque la feuille de polyéthylène transparent (TPE) de 0,025 mm a été conservée pendant 45 jours. Thankamani *et al.* (2008) ont rapporté que les boutures de poivre noir cultivées dans un mélange de terreau solarisé avec les nutriments recommandés ont montré une augmentation significative du nombre de feuilles (5,3), de la longueur des racines (20 cm), de la surface foliaire (177 cm^2), des teneurs en nutriments et de la biomasse (3,7 g/plante).

Jimenez et al. (2012) ont noté que la solarisation du sol avant plantation améliorait la croissance, la nutrition et le rendement des haricots secs et les résultats ont indiqué que 60 jours de solarisation produisaient des rendements de 3,7 t/ha tandis que l'absence de solarisation produisait des rendements de 2,1 t/ha. Les unités thermiques du sol étaient positivement corrélées avec le rendement en raison d'une augmentation de l'accumulation de chaleur pendant les périodes de solarisation, en plus d'une augmentation de la surface foliaire et d'une amélioration de la nutrition de la plante.

2.4.2. Amendement du sol avec du tourteau de margousier enrichi de *Trichoderma* Mélange de fumier organique

L'amendement du sol avec des matières organiques décomposables permet de modifier les conditions physiques, chimiques et biotiques du sol et d'améliorer la structure du sol, ce qui favorise la croissance des racines de l'hôte. En outre, l'enrichissement en microbes antagonistes réduit le potentiel d'inoculum des pathogènes présents dans le sol.

Des expériences menées à l'Université agricole du Kerala ont révélé qu'une combinaison de fumier organique + tourteau de neem + champignons mycorhiziens à arbuscules + *Trichoderma* produisait un rendement significativement plus élevé en gingembre et une accumulation d'éléments nutritifs dans le sol, *à savoir l'*azote, le phosphore et le potassium (Sreekala et Jayachandran, 2006). Kulkarni et Anahosur (2011) ont rapporté que l'application avant le semis de fumier organique + tourteau de neem + *T. harzianum* + *T. viride* était la plus efficace pour éviter l'infection par la pourriture de la tige du maïs et a enregistré le peuplement végétal maximal (97,33 %) et le rendement en grains le plus élevé (1363,14 kg/ha). Latha (2013) a observé que l'application combinée de *P. fluorescens, T. viride,* tourteau de neem et fumier de ferme (FYM) a permis de réduire l'incidence de la pourriture du collet (20,4 %) et de maximiser le rendement des gousses d'arachide (1321 kg/ha).

Le traitement des semences à raison de 4 g/kg de semences + l'application au sol (0 et 30 jours après le semis) à raison de 100 g/m^2 de *T. virens* combiné avec du fumier ont montré une réduction maximale de l'incidence de la pourriture sèche des racines du haricot, ont augmenté la population rhizosphérique d'antagonistes, ont inhibé les propagules de *M. phaseolina* et ont amélioré les paramètres de croissance (Christopher et al., 2008). L'efficacité de *T. harzianum* et de *T. viride* en traitement de semences et en application au sol avec ou sans fumier pour lutter contre le flétrissement du cumin a révélé que la plus forte réduction de l'incidence du flétrissement a été enregistrée lorsque *T. harzianum* a été utilisé en traitement de semences à raison de 4 g/kg de semences et en application au sol à raison de 5 g/kg de sol, avec un amendement de fumier de ferme à raison de 10 g/kg de sol, et que le poids sec des plants de cumin a été le plus élevé (Gangopadhyay et Gopal, 2010). Godhani *et al.* (2010) ont noté que l'incidence de la maladie du flétrissement du pois chiche était significativement plus faible (5,35 %), le rendement en grains le plus élevé (1247 kg/ha) et le périmètre maximal (80 cm) du couvert végétal dans les semences traitées avec *T. harzianum* @ 8 g/kg de semences + application au sol de fumier (5 t/ha) colonisé par *T. harzianum* (2 x 10^{12} spores/ha).

Saravanan *et al.* (2003) ont noté que l'application basale de tourteau de neem @ 0,5 kg/plante avec *P. fluorescens* ou *T. viride* @ 10 g/plante avait une réduction significative de l'incidence du flétrissement de la banane par Fusarium. Des études menées à l'Université d'Annamalai ont révélé que la combinaison de *T. viride*, *P. fluorescens*, *P. lilacinus* et du tourteau de margousier en tant que traitement des semences et en tant qu'application au sol a enregistré une incidence minimale du flétrissement et a augmenté de manière significative la longueur des pousses, la longueur des racines, la biomasse et le rendement en fruits de la tomate (Sivakumar *et al.*, 2008).

Patel et Patel (2012) ont évalué l'efficacité des amendements organiques à base de *Trichoderma* dans la gestion de la flétrissure fusarienne du pois d'Angole et ont constaté que l'incidence de la flétrissure était significativement plus faible (13,47 %) dans le tourteau de sésame, ce qui était équivalent au tourteau de margousier (13,93 %). Sumanal *et al.* (2012) ont rapporté que la formulation de *T. viride* à base de tourteau de neem s'est avérée plus prometteuse que la formulation à base de talc contre le flétrissement fusarien et la maladie du complexe du nœud racinaire du tabac et a permis de contrôler 60,9 % de la maladie par rapport au témoin lorsqu'elle a été appliquée 60 et 70 jours après le repiquage.

Bhaskar *et al.* (2007) ont révélé que *T. harzianum* en combinaison avec de l'engrais ou du tourteau de neem s'est avéré être le traitement le plus efficace pour réduire le complexe de la maladie de la pourriture des racines chez le berseem et a enregistré les rendements de fourrage vert les plus élevés. Chawla et Gangopadhyay (2009) ont observé que le potentiel antagoniste de *T. harzianum* et de *P. fluorescens* contre *F. oxysporum* f. sp. *cumini* était relativement meilleur en présence de fumier de ferme ou de tourteau de moutarde.

2.4.3. Fongicides

L'application de fongicides reste l'un des moyens les plus simples et les plus efficaces pour atténuer les pertes dues aux maladies dans les cultures commerciales.

La croissance et la sporulation de *F. oxysporum* f sp. *lini* ont été complètement inhibées par le carbendazime, le bénomyl et l'oxychlorure de cuivre (500, 1000 et 1500 ppm) à toutes les concentrations testées *in vitro* (Sharma *et al.*, 2002). L'inhibition maximale de la croissance mycélienne *de F. oxysporum* f. sp. *cumini* à la plus faible concentration de fongicide (10 ppm) *in vitro* a été montrée par le carbendazime et le thiophanate-méthyle (Bardia et Rai, 2007). Le carbendazime (0,1 %), le thirame (0,15 %) et le captane (0,1 %) seuls et en combinaison testés contre *F. oxysporum* f sp. *ciceris in vitro* ont révélé que les graines de pois chiches traitées avec du thirame (0,15 %) + carbendazime (0,1 %) ont efficacement inhibé la croissance (90 %) du pathogène (Nikam *et al.*, 2007).

Parmi les fongicides testés *in vitro* contre *F. oxysporum* f. sp. *ciceris, le* carbendazime, l'hydroxyde de cuivre, le sulfate de cuivre, le captane et le thirame ont été efficaces car ils ont complètement bloqué la croissance du champignon (Tripathi *et al.*, 2007). L'évaluation *in vitro* des fongicides contre *F. oxysporum* f. sp. *cubense* a indiqué que la carboxine + thirame (500, 1000, 2000 et 3000 ppm) et l'azoxystrobine (0,01, 0,1, 1, 2, 3 et 4 ppm) avaient le meilleur effet pour réduire la colonie fongique (Araujo *et al.*, 2008). L'efficacité *in vitro* des fongicides contre *F. oxysporum* f. sp. *lentilles* a montré que le carbendazime et la carboxine ont complètement inhibé la croissance du pathogène, tandis que le thirame et le captafol ont inhibé respectivement 87,5 % et 83,1 % de la croissance mycélienne (Singh *et al.*, 2010).

Madhavi et Bhattiprolu (2011) ont observé que parmi les fongicides testés *in vitro* contre *F. solani, le* carbendazime + mancozèbe (0,2 %) s'est révélé très efficace pour inhiber la croissance mycélienne (93,6 %), suivi par le carbendazime (0,1 %) (92,4 %) et le bénomyl (0,1 %) (91,34 %). Le tebuconazole (0,5 %) (83,1 %) et le thiophanate-méthyl (0,1 %) (80,1 %) ont également été efficaces, tandis que le pencycuron (0,1 %) (4,1 %) a été inefficace dans la lutte contre *F. solani*. Le carbendazime (500 µg/ml), le difénoconazole (100 µl/ml), l'hexaconazole (200 µl/ml), le captane + hexaconazole (250 µg/ml) et le carbendazime + mancozèbe (500 µg/ml) ont complètement inhibé la croissance mycélienne de *F. udum in vitro* (Ram et Pandey, 2011).

Différentes concentrations (35, 70, 105 et 140 ppm) de tébuconazole et de thiophanate-méthyle évaluées contre *Macrophomina phaseolina, F. oxysporum* f. sp. *lycopersici* et *Sclerotium rolfsii* isolés du niébé, de la tomate et du pois chiche ont indiqué que toutes les concentrations de tébuconazole ont complètement arrêté la croissance de trois espèces fongiques, tandis que le thiophanate-méthyle était inefficace contre toutes les espèces fongiques (Kanwal *et al.*, 2012). Le bénomyl et le captaf à 400 µg/ml ont complètement inhibé la croissance de *F. oxysporum* f. sp. *lentilles, in vitro* (Garkoti *et al.*, 2013).

L'efficacité *in vivo* du traitement des semences avec le carbendazime et la carboxine contre *F. oxysporum* f. sp. *lentilles* a indiqué que le carbendazime et la carboxine ont amélioré la germination des semences (90,0 % et 89,0 %), la longueur des racines (10,1 cm et 10,0 cm), la longueur des pousses (4,8 cm et 4,8 cm) et l'indice de vigueur (1342,0 et 1317,0) des lentilles. De même, la pulvérisation foliaire de ces deux fongicides séparément a donné les meilleurs résultats en réduisant l'incidence du flétrissement de 37,5 à 5,0 % (Singh *et al.*, 2010). Le traitement des semences avec le carbendazime a donné une germination maximale (94,5 %) chez le melon musqué et une incidence moindre (16,5 %) du flétrissement, suivi par le difénoconazole et le propiconazole qui ont été à égalité pour augmenter la germination des semences (90,2 et 90,0 % respectivement) et réduire l'incidence du flétrissement (22,5 et 25,2 % respectivement) (Gurjar et Shekawat, 2012).

Le trempage des plantules avec du carbendazime (1 g/l d'eau) contre *F. oxysporum* f. sp. *lycopersici* a significativement réduit l'incidence du flétrissement de la tomate de 73,1 % (Musmade *et al.*, 2009). Le prochloraze et le bromuconazole @ 10 µg/ml ont complètement réduit le flétrissement de la tomate avant et après l'inoculation du pathogène (Amini et Sidovich, 2010).

L'arrosage du sol avec du carbendazime + mancozèbe et du carbendazime seul a enregistré une inhibition de 100 % de la croissance mycélienne *de F. solani* à 1000, 2000 et 3000 ppm à des profondeurs d'inoculum de 10 et 15 cm, tandis que le tébuconazole et le thiophanate-méthyle ont été efficaces à 3000 ppm lorsqu'ils ont été appliqués aux deux profondeurs (Madhavi et Bhattiprolu, 2011). Le trempage du sol avec du carbendazime 50 WP @ 40 g/m^2 a été le plus efficace, avec une incidence de flétrissement de 29,17 % et un rendement en fruits de 68,87 q/ha dans le piment (Najar *et al.*, 2012). Le carbendazime et le propiconazole ont été efficaces dans la lutte contre le flétrissement du tabac à 61,47 % et 60,29 % et ont permis d'augmenter le rendement en feuilles sèches à 24,53 % et 31,77 % respectivement (Sumanal *et al.*, 2012).

CHAPITRE 3. MATÉRIAUX ET MÉTHODES

3.1. ÉTUDES SYMPTOMATOLOGIQUES

L'incidence naturelle du flétrissement fusarien du niébé a été observée dans les champs des agriculteurs et la séquence des événements menant à la mort finale des plantes a été enregistrée.

3.2. L'ISOLEMENT DE L'AGENT PATHOGÈNE

Les racines et les tiges des plants de niébé infectés ont été lavées à l'eau courante pour éliminer les particules de sol adhérentes et ont été coupées en petits morceaux d'une taille de 1 à 2 mm à l'aide d'une lame stérilisée. Ces morceaux ont ensuite été stérilisés en surface avec une solution aqueuse de chlorure mercurique à 0,1 % (Hg Cl_2) pendant une minute, puis lavés avec trois changements d'eau stérile. Les morceaux ont été transférés aseptiquement dans des pétridis stériles contenant de la gélose dextrose de pomme de terre (PDA) solidifiée et incubés à température ambiante. La croissance fongique apparaissant sur les plaques a été transférée sur les lamelles de PDA (Aneja, 2003).

Les isolats fongiques ainsi obtenus ont été purifiés par la technique d'isolement des spores. Une suspension de spores diluée en série de chaque isolat préparé à partir d'une culture vieille de sept à huit jours a été placée sur de la gélose ordinaire stérilisée (2 %) dans des boîtes de Petri dans des conditions aseptiques. Les plaques ont été incubées à température ambiante pendant 24 heures. Une spore unique repérée au microscope a été marquée avec un stylo à pointe fine et transférée sur des lamelles de PDA pour des études ultérieures (Aneja, 2003).

3.3. CARACTÉRISATION DE L'AGENT PATHOGÈNE

3.3.1. Caractérisation morphologique et culturale de *Fusarium* spp.

Les caractères morphologiques et culturaux de différents isolats du pathogène ont été étudiés en les cultivant sur PDA et comparés à ceux mentionnés par Booth (1971). Les caractères micro-morphologiques des conidies et des conidiophores ont été étudiés en suivant la technique de culture sur lame décrite par Riddel (1974). La taille et la forme des conidies ont été mesurées à l'aide d'un analyseur d'images (logiciel Motic images plus 2.0). Le mode de production des chlamydospores, *à savoir* solitaire, par paires, en chaînes et la localisation ont été observés. Les caractères culturels tels que la nature et la croissance du mycélium, la couleur/pigmentation des différents isolats et la sporulation ont été enregistrés après sept à huit jours d'inoculation. La croissance radiale du pathogène a été enregistrée jusqu'à 10 jours après l'inoculation.

3.3.2. Caractérisation moléculaire des isolats pathogènes associés au flétrissement fusarien par séquençage partiel de la région ITS (Internal Transcribed Spacer) de l'ADNr

Les isolats du pathogène obtenus à différents endroits ont été caractérisés sur une base moléculaire par comparaison des séquences ITS des isolats. La procédure de caractérisation moléculaire était la suivante :

- *Isolement de l'ADN à l'aide de NucleoSpin® Plant II (Macherey-Nagel)*

Environ 100 mg de tissu/mycélium ont été homogénéisés dans 400 µl de tampon PL1. 10 µl de solution de RNase A ont été ajoutés et inversés pour mélanger. L'homogénat a été incubé à 65° C pendant 10 minutes. Le lysat a été transféré sur un filtre Nucleospin et centrifugé à 11000 x g pendant deux minutes. Le liquide d'écoulement a été recueilli et le filtre a été jeté. 450 µl de tampon PC ont été ajoutés et bien mélangés. La solution a été transférée dans une colonne Nucleospin Plant II, centrifugée pendant une minute et le liquide d'écoulement a été jeté. 400 µl de tampon PW1 ont été ajoutés à la colonne, centrifugés à 11000 x g pendant une minute et le liquide d'écoulement a été éliminé. Ensuite, 700 µl de PW2 ont été ajoutés, centrifugés à 11000 x g et le liquide d'écoulement a été jeté. Enfin, 200 µl de PW2 ont été ajoutés et centrifugés à 11000 x g pendant deux minutes pour sécher la membrane de silice. La colonne a été transférée dans un nouveau tube de 1,7 ml et 50 µl de tampon PE ont été ajoutés et incubés à 65° C pendant cinq minutes. La colonne a ensuite été centrifugée à 11000 x g pendant une minute pour éluer l'ADN. L'ADN élué a été conservé à 4 C.°

- *Électrophorèse sur gel d'agarose pour le contrôle de la qualité de l'ADN*

La qualité de l'ADN isolé a été vérifiée à l'aide d'une électrophorèse sur gel d'agarose. Un µl de tampon de chargement de gel 6X (0,25 % de bleu de bromophénol, 30 % de saccharose dans un tampon TE pH 8,0) a été ajouté à cinq µl d'ADN. Les échantillons ont été chargés sur un gel d'agarose à 0,8 % préparé dans un tampon TBE (Tris- Borate-EDTA) 0,5X contenant 0,5 µg/ml de bromure d'éthidium. L'électrophorèse a été réalisée avec du TBE 0,5X comme tampon d'électrophorèse à 75 V jusqu'à ce que le front du colorant bromophénol ait migré au fond du gel. Les gels ont été visualisés dans un transilluminateur UV (Genei) et l'image a été capturée sous lumière UV à l'aide du système de documentation des gels (Bio-Rad).

- *Analyse PCR*

Les réactions d'amplification PCR ont été effectuées dans un volume de réaction de 20 µl contenant un tampon PCR 1X (contenant 1,5 mM de $MgCL_2$), 0,2 mM de chaque dNTP (dATP, dGTP, dCTP et dTTP), 10 ng d'ADN, 0,4 µl d'enzyme ADN polymérase Phire HotStart II (Thermo scientific), 0,1 mg/ml de BSA, 5 pM d'amorces directes et inverses. Les amorces utilisées étaient :

Cible	Nom de l'amorce	Direction	Séquence (5' -> 3')	Référence
ITS	ITS-1F	En avant	TCCGTAGGTGAACCTTGCGG	White et al. (1990)

| | ITS-4R | Inverser | TCCTCCGCTTATTGATGC | |

L'amplification PCR a été réalisée dans un thermocycleur PCR (GeneAmp PCR System 9700, Applied Biosystems).

- *Profil d'amplification PCR*

98 °C   -   30 sec

98 °C   -   5 sec ⎫
60 °C   -   10 sec ⎬ 40 cycles

72 °C   -   15 sec

72 °C   -   60 sec

4 °C   -   ∞

- *Electrophorèse sur gel d'agarose des produits PCR*

Les produits PCR ont été contrôlés sur des gels d'agarose à 1,2 % préparés dans un tampon TBE 0,5 X contenant 0,5 µg/ml de bromure d'éthidium. 1 µl de colorant de chargement 6X a été mélangé à 5 µl de produits PCR et a été chargé et l'électrophorèse a été réalisée sous une alimentation de 75 V avec 0,5 X TBE comme tampon d'électrophorèse pendant environ 1 à 2 h, jusqu'à ce que le front de bleu de bromophénol ait migré presque jusqu'au fond du gel. L'étalon moléculaire utilisé était l'échelle d'ADN 2 - log (NEB). Les gels ont été visualisés dans un transilluminateur UV (Genei) et l'image a été capturée sous lumière UV à l'aide du système de documentation des gels (Bio-Rad).

- *Traitement ExoSAP-IT*

ExoSAP-IT (GE Healthcare) se compose de deux enzymes hydrolytiques, l'Exonucléase I et la Shrimp Alkaline Phosphatase (SAP), dans un tampon spécialement formulé pour l'élimination des amorces et des dNTP indésirables d'un mélange de produits PCR sans interférence dans les applications en aval. Cinq µl de produit PCR sont mélangés à deux µl d'ExoSAP-IT et incubés à 37° C pendant 15 minutes, suivis d'une inactivation enzymatique à 80° C pendant 15 minutes.

- *Séquençage à l'aide de BigDye Terminator v3.1*

La réaction de séquençage a été effectuée dans un thermocycleur PCR (GeneAmp PCR System 9700, Applied Biosystems) en utilisant le kit de séquençage BigDye Terminator v3.1 Cycle (Applied Biosystems , USA) selon le protocole du fabricant.

Le mélange PCR était composé des éléments suivants :

Produit PCR (traité par ExoSAP)   - 10-20 ng

Amorce   - 3,2 Pm (soit F/R)

Mélange de séquençage	- 0,28 µl
Tampon de réaction 5X	- 1,86 µl
Eau distillée stérile	- jusqu'à 10µl

Le profil de température de la PCR de séquençage consistait en un cycle de 1st à 96° C pendant deux minutes, suivi de 30 cycles à 96° C pendant 30 secondes, 50° C pendant 40 secondes et 60° C pendant quatre minutes pour toutes les amorces.

- *Nettoyage de la PCR après séquençage*

Un mélange maître I de 10 µl de milli Q et de deux µl d'EDTA 125mM par réaction a été préparé. 12 µl de mélange maître I ont été ajoutés à chaque réaction contenant 10 µl de contenu réactionnel et ont été correctement mélangés. Un mélange maître II de deux µl d'acétate de sodium 3M pH 4,6 et de 50 µl d'éthanol par réaction a été préparé. 52 µl de mélange maître II ont été ajoutés à chaque réaction. Les contenus ont été mélangés par inversion et incubés à température ambiante pendant 30 minutes. Il a ensuite été centrifugé à 14 000 rpm pendant 30 minutes. Le surnageant a été décanté et 100 µl d'éthanol à 70 % ont été ajoutés. Le tout a été centrifugé à 14 000 tours/minute pendant 20 minutes. Le surnageant a été décanté et le lavage à l'éthanol à 70 % a été répété. Le surnageant a été décanté et le culot a été séché à l'air. Le produit nettoyé et séché à l'air a été séquencé dans l'analyseur d'ADN ABI 3500 (Applied Biosystems).

- *Analyse de séquences et soumission de séquences au NCBI*

La qualité des séquences a été vérifiée à l'aide du logiciel Sequence Scanner v1 (Applied Biosystems). L'alignement des séquences et l'édition nécessaire des séquences obtenues ont été effectués à l'aide de Geneious Pro v5.1 (Drummond *et al.*, 2010). L'identité de la région conservée de l'ADNr ITS des isolats associés au flétrissement du niébé a été établie en effectuant une recherche de similarité à l'aide de l'outil BLAST (Basic Local Alignment Search Tool) dans la base de données du National Centre for Biotechnology Information (NCBI) et les séquences ont été mises en correspondance avec les bases de données existantes disponibles pour la confirmation de l'espèce. Sur la base des résultats de l'appariement des séquences, les séquences d'ADNr ont été classées dans la base de données du NCBI et des numéros d'accès ont été obtenus.

- *Analyse phylogénétique*

L'ensemble des données basées sur la région ITS-ADNr des isolats associés au flétrissement du niébé et d'autres séquences de référence de *Fusarium* ont été récupérées dans la base de données Genbank de NCBI (Etats-Unis) et comparées. L'alignement des séquences multiples a été réalisé à l'aide de ClustalW2 et l'analyse phylogénétique à l'aide du logiciel Phylogeny.fr (Dereeper *et al.*, 2008). Un arbre phylogénique a été construit à l'aide de la méthode NJ (neighbor-joining). Tous les traits ont eu le même poids et les lacunes ont été traitées comme des valeurs "manquantes". Les transitions et les transversions ont été incluses dans l'analyse. Le soutien des branches des arbres résultant de l'analyse de l'union des voisins (NJ) a été évalué par bootstrap avec 1 000 réplicats en utilisant l'option de recherche heuristique et indiqué aux nœuds en pourcentage.

3.4. TESTS DE PATHOGÉNICITÉ

La pathogénicité des différents isolats du *Fusarium* a été prouvée en suivant les postulats de Koch. Des plants de niébé sains ont été plantés dans des gobelets en papier remplis de sol stérile, artificiellement infectés en versant dans chaque gobelet 50 ml de suspension conidienne (1×10^7 cfu ml^{-1}) de chaque isolat de l'agent pathogène associé au flétrissement du niébé par le Fusarium. L'essai comportait trois répétitions. Un sol stérilisé arrosé avec 50 ml d'eau stérile par godet a été utilisé comme témoin. Les isolats capables de produire un flétrissement et le nombre de jours nécessaires à l'apparition des symptômes ont été enregistrés. Sur la base de l'initiation du flétrissement après inoculation, la virulence des isolats pathogènes a été évaluée et l'isolat le plus virulent du pathogène a été sélectionné pour des études ultérieures (Jasnic *et al.*, 2005).

3.5. ÉVALUATION *IN VITRO* DES FONGICIDES CONTRE LES AGENTS PATHOGÈNES ASSOCIÉS AU FLÉTRISSEMENT FUSARIEN DU NIÉBÉ

Douze fongicides sélectionnés (annexe III), *à savoir,* propiconazole (0,1 %), chlorothalonil (0,1 %), thiophanate-méthyl (0,1 %), flusilazole (0,1 %), azoxystrobine (0,15 %), tébuconazole (0,1 %), captane + hexaconazole (0,1 %), carboxine+thirame (0,4 %), hydroxyde de cuivre (0.25 %), mancozèbe (0,25 %), carbendazime (0,1 %) et oxychlorure de cuivre (0,2 %) ont été évalués *in vitro* contre les pathogènes associés au flétrissement fusarien du niébé, par la technique des aliments empoisonnés (Nene et Thapliyal, 1993).

La quantité requise de fongicide a été soigneusement mélangée à 50 ml d'eau stérile dans une fiole conique de 250 ml. La suspension fongicide a été versée dans une autre fiole conique de 250 ml contenant 50 ml de PDA fondu à double concentration et mélangée soigneusement. Le milieu a été versé dans des pétridis stériles. Après solidification du milieu, chaque plaque a été inoculée au centre avec un disque de gélose de 4 mm de l'agent pathogène testé. Les plaques contenant un milieu non empoisonné ont servi de contrôle. Trois répétitions ont été conservées pour chaque traitement. Les plaques ont été incubées à température ambiante et la croissance linéaire du pathogène a été enregistrée. Le pourcentage d'inhibition de la croissance mycélienne du pathogène testé par rapport au contrôle a été calculé à l'aide de la formule décrite par Vincent (1927).

$$I = \frac{C - T}{C} \times 100$$

où,

I = Pourcentage d'inhibition

C = Croissance de l'agent pathogène dans la plaque de contrôle (cm)

T = Croissance de l'agent pathogène dans la plaque d'essai (cm)

3.6. ÉVALUATION *IN VIVO* DES FONGICIDES CONTRE LES AGENTS PATHOGÈNES ASSOCIÉS AU FLÉTRISSEMENT FUSARIEN DU NIÉBÉ

Une expérience en pot a été mise en place pour déterminer l'efficacité de 12 fongicides sélectionnés contre les pathogènes associés au flétrissement fusarien du niébé. Les détails des expériences sont les suivants : Conception - CRD, Traitements - 13, Réplications - 5 et Variété - Malika. Les détails des traitements pour les expériences sont les suivants : T_1 - Propiconazole (0,1 %), T_2 - Chlorothalonil (0,1 %), T_3 - Thiophanate-méthyl (0,1 %), T_4 - Flusilazole (0,1 %), T_5 - Azoxystrobine (0,15 %), T_6 - Tebuconazole (0.1 %), T_7 - Captan + Hexaconazole (500 g/ha), T_8 - Carboxine + Thiram (4 g/kg de semences), T_9 - Hydroxyde de cuivre (0,25 %), T_{10} - Mancozèbe (0,25 %), T_{11} - Carbendazime (0,1 %), T_{12} - Oxychlorure de cuivre (0,2 %), T_{13} - Témoin.

Le mélange d'empotage composé de sable, de terre et de bouse de vache @ 1:1:1 a été préparé et fumigé avec une solution de formaldéhyde à 5 %. Le mélange stérilisé a été versé dans des pots en terre de 12" x 12". Des graines de niébé de la variété Malika ont été semées dans les pots. Les plantes ont été entretenues conformément aux recommandations de l'ensemble des pratiques : Crops (KAU, 2011) en appliquant des engrais en temps voulu et en adoptant des mesures de protection des plantes en fonction des besoins. L'inoculation artificielle des plantes a été réalisée à l'aide d'un inoculum pathogène multiplié en masse. Le *Fusarium* a été multiplié en masse sur un mélange de sable et de maïs en utilisant la méthode modifiée de Lewis et Papavizas (1984). Le maïs a été mélangé au sable dans un rapport de 1:9. Le mélange a été humidifié avec suffisamment d'eau pour favoriser la croissance des champignons. Ce mélange a été placé dans des flacons coniques de 1000 ml et stérilisé à l'autoclave à une pression de 1,05 kg/cm^2 pendant deux heures. Après la stérilisation, un disque fongique *de Fusarium* spp. en croissance active a été transféré aseptiquement dans les flacons et incubé à température ambiante pendant 15 jours pour favoriser la croissance fongique. L'inoculum pathogène multiplié en masse (23 x 10^7 cfu g^{-1}) a été appliqué dans la zone racinaire de la plante et incorporé en profondeur dans le sol 15 jours après l'émergence des semences. Trois cycles d'application de fongicides ont été effectués 30, 45 et 60 jours après la levée des semences, soit par arrosage du sol, soit par pulvérisation foliaire. L'incidence de la maladie en condition d'épiphytie naturelle (Singh, 2002) a été calculée comme décrit ci-dessous :

$$\text{Disease incidence} = \frac{???????\ ??????????\ ?????}{????????\ ??????????\ ????????} \times 100$$

3.7. GESTION INTÉGRÉE DE LA FUSARIOSE DU NIÉBÉ VÉGÉTAL À L'AIDE DE FONGICIDES, D'AGENTS BIOLOGIQUES ET DE MÉTHODES RESPECTUEUSES DE L'ENVIRONNEMENT

Sur la base des résultats de l'expérience en pot, trois fongicides efficaces présentant la plus faible sévérité de la maladie ainsi que des agents biologiques et des méthodes respectueuses de l'environnement ont été sélectionnés pour être évalués dans des conditions de terrain afin de déterminer leur efficacité dans la gestion du flétrissement fusarien du niébé. Les détails de l'expérience sont les suivants : Conception - RBD, Traitements - 9, Réplications - 3, Variété - Malika, Lieu - Ferme d'enseignement, Collège d'agriculture, Vellayani, Taille de la parcelle - 6,75 m^2 et Nombre de plantes d'observation/parcelle - 4.

Les détails du traitement pour l'expérience étaient les suivants : T_1 - solarisation du sol + mélange de fumure organique de tourteaux de margousier enrichi de Trichoderma + flusilazole (0,1 %), T_2 - solarisation du sol + mélange de fumure organique de tourteaux de margousier enrichi de *Trichoderma* + tébuconazole (0,1 %), T_3 - solarisation du sol + mélange de fumure organique de tourteaux de margousier enrichi de Trichoderma + carbendazime (0.1 %), T_4 - Solarisation du sol + mélange de fumier organique de tourteaux de neem enrichi de *Trichoderma*, T_5 - Flusilazole (0,1 %), T_6 - Tébuconazole (0,1 %), T_7 - Carbendazime (0,1 %), T_8 - Oxychlorure de cuivre (0,2 %) (contrôle chimique), T_9 - Témoin. Le traitement des semences a été effectué uniformément pour tous les traitements avec du carbendazime (@ 2 g/kg de semences).

La solarisation du sol a été effectuée dans quatre traitements disposés dans un plan en blocs aléatoires avec trois répétitions, pour une période de six semaines de la mi-août à la fin du mois de septembre 2013. Le site expérimental a été incorporé avec la quantité requise de fumier organique dans le sol, irrigué, labouré et nivelé avant d'imposer le traitement de solarisation. Ensuite, les parcelles ont été recouvertes de feuilles de polyéthylène transparentes d'une épaisseur de 120 g. Les bords de la feuille ont été scellés avec de l'eau. Les bords de la feuille ont été scellés avec de la terre pour la maintenir en place et pour maintenir la température et l'humidité à l'intérieur du paillis de polyéthylène. On a veillé à ce que la feuille soit en contact étroit avec la surface du sol afin d'éviter la formation de poches d'air entre le sol et la feuille de polyéthylène. La température du sol pendant la solarisation a été enregistrée à 14 heures à une profondeur de 10 cm à l'aide d'un thermomètre de sol. Après la période de solarisation, la feuille a été enlevée et le semis a été effectué (Katan, 1981).

Le gâteau de neem sec et la bouse de vache ont été réduits en poudre et mélangés dans le rapport 1:9 pour obtenir une texture grossière et ont été humidifiés par aspersion d'eau. La préparation commerciale de *Trichoderma* spp. a été ajoutée à raison de 1 kg/100 kg de mélange de tourteau de neem et de bouse de vache. Après avoir été bien mélangé, le mélange a été recouvert d'une feuille de polyéthylène perforée et conservé à l'ombre pendant 10 jours pour la multiplication. Le mélange a de nouveau été bien fait et conservé pendant cinq jours supplémentaires pour la poursuite de la multiplication. Plus tard, la préparation a été appliquée à la zone racinaire de la plante à raison d'un kilogramme par fosse et a été soigneusement incorporée dans le sol (KAU, 2011).

Toutes les pratiques standard et recommandées (KAU, 2011) ont été suivies pour la culture. L'application de chaux a été effectuée pour tous les traitements au moment de la préparation du champ. Des fongicides ont été appliqués trois fois, 30, 45 et 60 jours après l'émergence des graines, soit par arrosage du sol, soit par pulvérisation foliaire. Les observations biométriques telles que la longueur des pousses, la longueur des racines, le poids frais et sec des pousses et des racines, le nombre de gousses, le rendement des gousses et le nombre de nodules racinaires ont été enregistrées au moment de la récolte de la culture. L'incidence des maladies a été calculée selon la méthode décrite au point 3.6.

CHAPITRE 4. RÉSULTATS

4.1. ÉTUDES SYMPTOMATOLOGIQUES

Les plantes affectées présentent un jaunissement, un flétrissement et un affaissement des feuilles suivis d'une défoliation. Les vignes ont noirci et se sont desséchées. Les plantes malades sont devenues rabougries et faibles. La base de la tige a gonflé et ressemble à un petit tubercule qui s'est ensuite désintégré et a été déchiqueté. La racine pivotante et les racines latérales étaient également affectées. Lorsque la tige principale, les branches primaires et les racines sont fendues, le brunissement interne des tissus conducteurs et la croissance mycélienne blanche du pathogène deviennent visibles. Occasionnellement, un aplatissement anormal de la tige le long de la pointe de croissance a été remarqué. Les fleurs présentaient une fasciation et une stérilité entraînant une forte réduction du rendement (Planche 1).

4.2. L'ISOLEMENT DES AGENTS PATHOGÈNES

Le pathogène responsable du flétrissement du niébé a été isolé à partir de racines et de tiges infectées présentant des symptômes typiques et purifié par la technique d'isolement des spores. Un total de 12 isolats de *Fusarium* spp. ont été obtenus à partir de plantes infectées collectées dans les principales zones de culture du niébé de Thiruvananthapuram et ont été désignés comme F1 à F12. Les isolats ont été sous-cultivés périodiquement sur des lamelles de PDA et conservés au réfrigérateur à 4°C. La liste des isolats de *Fusarium* obtenus et leurs emplacements respectifs sont présentés dans le tableau 1.

4.3. CARACTÉRISATION DES AGENTS PATHOGÈNES

4.3.1. Caractérisation morphologique et culturale de *Fusarium* spp.

Les 12 isolats obtenus ont été cultivés sur PDA pour leur caractérisation morphologique et culturelle sur la base de clés standard (Booth, 1971).

Les isolats F1, F2, F3, F4, F6, F8 et F9 avaient un taux de croissance moyen de 0,90 - 1,42 cm/jour. Les colonies étaient de texture apprimée à floculée, blanches sur la surface supérieure, brun rougeâtre ou rose pâle sur la face inférieure du pétridisque. Les conidiophores étaient constitués de phialides simples, naissant latéralement sur les hyphes ou de conidiophores courts et ramifiés. Des phialides simples, sub-cylindriques à légèrement obclavées, naissent des conidiophores primaires ou secondaires. Les macroconidies étaient 3 -5 septées, 4,6 - 7,4 x 1,4 - 2,7 µm de taille, à parois minces, fusoïdes, à extrémités pointues, parfois falciformes avec cellule terminale, cellule basale crochue et pédicellée. Les microconidies étaient abondantes, ovales à ellipsoïdales, cylindriques, droites ou incurvées. Les chlamydospores, lorsqu'elles sont présentes, sont en position terminale.

Les isolats F7, F11 et F12 avaient un taux de croissance moyen de 0,86 - 1,05 cm/jour. Les colonies avaient une texture floconneuse, étaient d'un blanc terne sur la surface supérieure et jaunâtres à brun foncé sur la face inférieure du pétri. Les conidiophores étaient constitués de phialides latérales uniques dans le mycélium aérien. Les phialides sont courtes, compactes et obclavées. Les macroconidies étaient pour la plupart 3-5 septées, 14,8 - 17,2 x 2,2 - 3 µm de taille, à parois épaisses, typiquement falciformes, effilées vers les deux extrémités, courbées dans la partie centrale avec une cellule apicale allongée et une cellule basale pédicellée. Les microconidies étaient de forme ovale à ellipsoïdale. Les chlamydospores, lorsqu'elles sont présentes, sont intercalaires, solitaires ou en chaînes.

Les isolats F5 et F10 avaient un taux de croissance rapide de 1,3 et 1,04 cm/jour respectivement. Les colonies apparaissaient clairsemées avec une surface supérieure blanc crème et un blanc sale sur la face inférieure du pétri. Les conidiophores primaires s'élevaient latéralement à partir d'hyphes sur le mycélium aérien qui n'était pas ramifié ou peu ramifié. Des monophialides courtes, subcylindriques et obclavées produisent des macroconidies minces et de longues microconidies. Les macroconidies étaient 3 à 5 fois septées, à parois épaisses, subcylindriques, légèrement incurvées, courtes et courbées apicalement, à cellule basale indistinctement pédicellée et mesuraient 7,9 à 10,2 x 1,8 à 2,6 µm. Les microconidies étaient ovoïdes et droites ou rarement ellipsoïdales à incurvées. Les chlamydospores étaient abondantes, en position terminale ou intercalaire et formées en simples, paires ou chaînes.

4.3.2. Caractérisation moléculaire des isolats pathogènes par séquençage partiel de la région ITS (Internal Transcribed Spacer) de l'ADNr

- Séquençage ITS-rDNA d'isolats de Fusarium spp.

L'amplification de la région ITS-ADNr des 12 différents isolats de *Fusarium* spp. à l'aide des amorces universelles ITS 1 et ITS 4 a donné un produit PCR d'une longueur de 500-530 pb. Les séquences des isolats de *Fusarium* spp. ont été déposées dans GenBank et utilisées pour rechercher des séquences similaires dans la base de données NCBI à l'aide du programme BLAST. Une identité de 99 à 100 % a été observée entre les isolats de *Fusarium* obtenus dans cette étude et d'autres séquences de *Fusarium* spp. disponibles dans la base de données NCBI. Une comparaison entre les séquences disponibles dans GenBank et les isolats représentatifs utilisés dans l'étude a indiqué que la similarité des séquences n'était pas liée à l'origine géographique des isolats. Le profil d'amplification PCR de la région ITS de l'ADN ribosomique des isolats de *Fusarium* est présenté dans la planche 2.

Un arbre phylogénétique construit à partir des séquences de la région ITS-ADNr à l'aide de la méthode d'association de voisins (NJ) a montré que *F. oxysporum, F. solani* et *F. equiseti* formaient clairement quatre groupes distincts, ce résultat étant étayé par une valeur de bootstrap élevée. L'arbre a été enraciné avec *Aspergillus oryzae* (EU680476.1) comme souche d'outgroup. Le groupe I correspondait aux isolats de *F. oxysporum, à savoir* F2, F3, F4, F6, F8 et F9, et à quatre isolats de référence de *F. oxysporum* provenant de GenBank : JN400710.1, HM756257.1, AY667489.1 et JQ954892.1, avec un soutien bootstrap de 99 %. Tous les isolats de *F. equiseti, à savoir* F7, F11 et F12, forment le groupe II avec l'isolat de référence JQ690081.1, avec un soutien bootstrap élevé (100 %). Le groupe III comprenait l'isolat *F. oxysporum* (F1) ainsi que les isolats de référence de GenBank ; KF534747.1 (*F. oxysporum*), KC859450.1 (*F. udum*) et JX177431.1 (*F. acuminatum*) avec un soutien bootstrap de 93 %. Le groupe IV comprenait les isolats F5 et F10 ainsi que deux isolats de référence de *F. solani*, JQ625562.1 et JX517202.1, avec un soutien bootstrap élevé (100 %) (figure 1).

Sur la base des caractères morphologiques et culturaux, les isolats du pathogène associé au flétrissement du niébé ont été provisoirement identifiés comme étant *F. oxysporum* Schlecht, *F. equiseti* (Corda) Sacc. et *F. solani* (Mart.) Sacc. Parmi les 12 isolats, *F. oxysporum* était l'espèce prédominante et largement distribuée à Trivandrum, puisqu'il a été trouvé présent dans sept endroits examinés. Au contraire, *F. equiseti* et *F. solani* ont été notés comme des espèces moins fréquentes avec trois et deux isolats chacune. L'identité des espèces a été confirmée par l'analyse des séquences ITS-ADNr. Les séquences ont été déposées dans GenBank et les numéros d'accès obtenus sont indiqués dans le tableau 2.

4.4. TESTS DE PATHOGÉNICITÉ

La pathogénicité et la virulence comparative de 12 isolats différents de *Fusarium* provoquant le flétrissement ont été évaluées en plantant des semis de niébé sains dans un sol inoculé artificiellement. Sur les 12 isolats testés, huit ont induit un flétrissement avec une décoloration vasculaire et un jaunissement foliaire (Planche 3), tandis que les isolats F7, F8, F10 et F11 se sont révélés non pathogènes et n'ont produit aucun symptôme. L'isolat F2 de Palapoor n'a mis que sept jours pour développer des symptômes et s'est révélé hautement pathogène, suivi des isolats F3 et F5, tandis que l'isolat F9 a mis le plus de temps à développer la maladie. Les résultats de la pathogénicité et de la virulence comparative des isolats de *Fusarium* sont présentés dans le tableau 3. Sur la base de l'évaluation de la virulence, l'isolat F2 identifié comme *F. oxysporum* a été sélectionné comme pathogène d'essai pour les études ultérieures.

4.5. ÉVALUATION *IN VITRO* DES FONGICIDES CONTRE LES AGENTS PATHOGÈNES ASSOCIÉS AU FLÉTRISSEMENT FUSARIEN DU NIÉBÉ

L'évaluation *in vitro* de 12 fongicides contre l'isolat le plus virulent associé au flétrissement fusarien et à l'anthracnose du niébé a été réalisée par la technique des aliments empoisonnés. Les résultats (tableau 4) ont révélé que tous les fongicides testés *in vitro* contre *F. oxysporum* ont significativement inhibé la croissance mycélienne de l'agent pathogène testé aux concentrations recommandées par rapport au témoin non traité. Sur les 12 fongicides, le tébuconazole (0,1 %), la carboxine + thirame (0,4 %), le mancozèbe (0,25 %) et le carbendazime (0,1 %) ont inhibé à 100 % la croissance mycélienne de l'agent pathogène testé et se sont distingués de manière significative de tous les autres traitements. Le traitement captane + hexaconazole (0,1 %) a enregistré un diamètre moyen minimal des colonies de 0,60 cm et une inhibition de 95,48 % de la croissance mycélienne de l'agent pathogène, à égalité avec le propiconazole (0,1 %) et le thiophanate-méthyle (0,1 %). Le diamètre moyen maximal des colonies (5,27 cm) et le pourcentage le plus faible d'inhibition (41,50 %) de la croissance mycélienne du pathogène ont été enregistrés par le fongicide azoxystrobine (0,15 %) (Planche 4).

4.6. ÉVALUATION *IN VIVO* DES FONGICIDES CONTRE LES AGENTS PATHOGÈNES ASSOCIÉS AU FLÉTRISSEMENT FUSARIEN DU NIÉBÉ

Une expérience en pot a été menée en CRD avec cinq répétitions pour évaluer l'efficacité de 12 fongicides sélectionnés contre le flétrissement fusarien du niébé. Les résultats ont révélé que tous les traitements ont entraîné une réduction significative de l'incidence du flétrissement par rapport au contrôle non traité. Cependant, l'arrosage du sol avec du flusilazole (0,1 %), du tébuconazole (0,1 %) ou du carbendazime (0,1 %) a été très efficace dans la suppression totale de l'incidence du flétrissement et s'est avéré significativement différent des autres traitements. Parmi les fongicides testés, les traitements au captane + hexaconazole (0,1 %) et au carboxin + thirame (0,4 %) ont enregistré une incidence plus élevée de 66,70 % et se sont révélés équivalents. Les plantes de contrôle inoculées par l'agent pathogène ont présenté un gonflement basal et un jaunissement des feuilles, 45 jours après l'émergence des graines, suivis d'une défoliation et d'une mort complète des plantes, enregistrant une incidence de flétrissement de 100 % et différant significativement de tous les autres traitements (tableau 5).

4.7. GESTION INTÉGRÉE DU FLÉTRISSEMENT FUSARIEN DU NIÉBÉ VÉGÉTAL À L'AIDE DE FONGICIDES, D'AGENTS BIOLOGIQUES ET DE MÉTHODES RESPECTUEUSES DE L'ENVIRONNEMENT

Sur la base des résultats des expériences en pots, trois fongicides efficaces, *à savoir le* flusilazole (0,1 %), le tébuconazole (0,1 %) et le carbendazime (0,1 %), qui ont montré la plus faible incidence de flétrissement, ainsi que le traitement des semences (carbendazime @ 2g/kg de semences), la solarisation du sol (plaque 5) et le mélange de fumier organique enrichi de tourteaux de neem *et de Trichoderma* ont été évalués sur le terrain pour déterminer leur efficacité dans la gestion du flétrissement du Fusarium et de l'anthracnose du niébé. Les observations sur l'incidence des maladies et les paramètres de croissance tels que la hauteur des plantes, la longueur des racines, le poids frais et sec des pousses et des racines, le nombre de gousses, le rendement des gousses et le nombre de nodules racinaires ont été enregistrés.

Tous les traitements ont été efficaces dans la suppression du flétrissement fusarien du niébé lors de l'évaluation sur le terrain. Cependant, le traitement par solarisation du sol, le mélange de fumier organique de tourteaux de neem enrichi de *Trichoderma* et l'arrosage du sol avec du tébuconazole (0,1 %) ou du carbendazime (0,1 %) ont été très efficaces pour la gestion du flétrissement du niébé, avec une suppression totale de l'incidence du flétrissement. Ensuite, l'arrosage du sol avec du tébuconazole (0,1 %), du carbendazime (0,1 %) ou de l'oxychlorure de cuivre (0,2 %) seul a permis d'enregistrer une incidence de flétrissement de 16,67 %, tandis que le traitement avec du flusilazole (0,1 %) seul a enregistré une incidence plus élevée de 33,33 %. Les plantes de contrôle non traitées ont montré des symptômes tels que le gonflement basal et le jaunissement foliaire suivis par la mort complète des plantes et ont enregistré l'incidence la plus élevée de la maladie (41,67 %) (Tableau 6).

Des plantes significativement plus hautes (593,33 cm) ont été produites dans les plantes traitées avec la solarisation du sol, le mélange de fumier organique de tourteaux de neem enrichi de *Trichoderma* et le tébuconazole (0,1 %), suivi par le traitement avec la solarisation du sol, le mélange de fumier organique de tourteaux de neem enrichi de *Trichoderma* et le carbendazime (0,1 %) (592,00 cm) et ont été à égalité. La hauteur des plantes était minimale (455,00 cm) pour les plantes témoins non traitées.

Les plantes traitées avec la solarisation du sol, le mélange de fumier organique de tourteaux de neem enrichi de *Trichoderma* et le tébuconazole (0,1 %) ont enregistré la plus grande longueur de racine (55,33 cm), suivies par le traitement avec la solarisation du sol, le mélange de fumier organique de tourteaux de neem enrichi de *Trichoderma*, le tébuconazole (0,1 %) et le tébuconazole (0,1 %).

La longueur minimale des racines a été observée parmi les plantes témoins non traitées, ce qui est comparable au traitement avec le carbendazime (0,1 %) (52,00 cm) ou au traitement avec la solarisation du sol et le mélange de fumier organique enrichi de tourteaux de margousier *par Trichoderma* (43,67 cm). La longueur minimale des racines (17,00 cm) a été observée parmi les plantes témoins non traitées, ce qui est comparable au traitement avec le carbendazime (0,1 %) (29,00 cm) ou l'oxychlorure de cuivre (0,2 %) (32,00 cm).

Le poids frais maximal (434,33 g) a été observé parmi les plantes traitées avec la solarisation du sol, le mélange de fumier organique de tourteaux de neem enrichi de Trichoderma et le tébuconazole (0,1 %), ce qui était équivalent au traitement avec la solarisation du sol, le mélange de fumier organique de tourteaux de neem enrichi de *Trichoderma* et le carbendazime (0,1 %) (425,33 g) ou le tébuconazole (0,1 %) seul (365,00 g). Le poids frais minimum (227,00 g) a été observé parmi les plantes témoins non traitées.

Le poids sec le plus élevé des pousses (117,00 g) a été enregistré avec les plantes traitées avec la solarisation du sol, le mélange de fumier organique de tourteaux de neem enrichi de *Trichoderma* et le carbendazime (0.1 %), suivi par le traitement avec la solarisation du sol, le mélange de fumier organique de tourteaux de neem enrichi de *Trichoderma* et le tébuconazole (0,1 %) (112,33 g) ou la solarisation du sol, le mélange de fumier organique de tourteaux de neem enrichi de *Trichoderma* et le flusilazole (0,1 %) (91,00 g), qui étaient à égalité. Le poids sec le plus faible des pousses (41,67 g) a été observé parmi les plantes témoins non traitées, ce qui est comparable au traitement avec le flusilazole (0,1 %) (65,00 g), le carbendazime (0,1 %) (62,33 g) ou l'oxychlorure de cuivre (0,2 %) (56,67 g).

Le poids maximal des racines fraîches (57,67 g) a été observé parmi les plantes traitées avec la solarisation du sol, le mélange de fumier organique de tourteaux de neem enrichi de *Trichoderma* et le tébuconazole (0,1 %) ou le carbendazime (0,1 %), ce qui était comparable au traitement avec la solarisation du sol, le mélange de fumier organique de tourteaux de neem enrichi de *Trichoderma* et le flusilazole (0,1 %) (46,33 g). Les plantes témoins non traitées ont enregistré le poids minimum de racines fraîches (19,67 g), ce qui est comparable aux traitements au carbendazime (0,1 %) (39,00 g), à l'oxychlorure de cuivre (0,2 %) (29,67 g) ou au flusilazole (0,1 %) (27,00 g).

L'analyse statistique du poids des racines sèches a indiqué que les plantes traitées avec la solarisation du sol, le mélange de fumier organique de tourteaux de neem enrichi de Trichoderma et le tébuconazole (0,1 %) ont enregistré le poids maximal des racines sèches (9,75 g), suivi par le traitement avec la solarisation du sol, le mélange de fumier organique de tourteaux de neem enrichi de *Trichoderma* et le carbendazime (0,1 %) (9,30 g) ou le traitement avec la solarisation du sol et le mélange de fumier organique de tourteaux de neem enrichi de *Trichoderma* (7,81 g), qui étaient à égalité. Le poids sec des racines était minimal (4,33 g) pour les plantes témoins non traitées.

Les plantes traitées avec la solarisation du sol, le mélange de fumier organique de tourteaux de neem enrichi de *Trichoderma* et le carbendazime (0,1 %) ont enregistré le plus grand nombre de gousses (56,00) qui était égal au traitement avec la solarisation du sol, le mélange de fumier organique de tourteaux de neem enrichi de *Trichoderma* et le tébuconazole (0,1 %) (55,00) alors que les plantes témoins non traitées ont enregistré le plus petit nombre (32,33) de gousses et différaient de manière significative de tous les autres traitements.

Les plantes traitées avec la solarisation du sol, le mélange de fumier organique de tourteaux de neem enrichi de *Trichoderma* et le carbendazime (0,1 %) ont enregistré le rendement maximal (1,14 kg/plante) qui était égal au traitement avec la solarisation du sol, le mélange de fumier organique de tourteaux de neem enrichi de *Trichoderma* et le tébuconazole (0,1 %) (1,13 kg/plante).1 %) (1,13 kg/plante), suivi par le traitement avec solarisation du sol, mélange de fumier organique de tourteaux de neem enrichi de Trichoderma et flusilazole (0,1 %) (1,10 kg/plante). Les plantes témoins non traitées ont enregistré le rendement minimum (0,80 kg/plante) et différaient significativement de tous les autres traitements.

En ce qui concerne le nombre de nodules racinaires, les plantes traitées avec la solarisation du sol, le mélange de fumier organique de tourteaux de neem enrichi de Trichoderma et le tébuconazole (0,1 %) ont enregistré le nombre maximum de nodules racinaires (58,00), ce qui est comparable au traitement avec la solarisation du sol, le mélange de fumier organique de tourteaux de neem enrichi de *Trichoderma* et le carbendazime (0,1 %) (53,00) ou le tébuconazole (0,1 %) seul (47,00). Le nombre de nodules racinaires était minimal (28,67) pour les plantes témoins non traitées.

Tableau 1. Isolats de *Fusarium* obtenus et leurs localisations respectives

Sl. Non.	Isoler	Localisation
1	F1	Vellayani
2	F2	Palapoor
3	F3	Pappanchani
4	F4	Pappanchani
5	F5	Venniyoor
6	F6	Balaramapuram
7	F7	Muttacaud
8	F8	Thazhava
9	F9	Pothencode
10	F10	Kattakada
11	F11	Kazhakkuttom
12	F12	Kalliyoor

Tableau 2. Isolats de *Fusarium* et leur identité révélée par la caractérisation moléculaire à l'aide de l'analyse de la séquence ITS-ADNr.

Isoler	Identification des espèces	Numéro d'accession GenBank.	Organisme correspondant dans NCBI GenBank avec numéro d'accès	Identité (%)
F1	*F. oxysporum*	KJ569269	*F. oxysporum* KF534747.1	99
F2	*F. oxysporum*	KF963540	*F. oxysporum*	100

			JN400710.1	
F3	F. oxysporum	KJ569270	F. oxysporum JN400710.1	100
F4	F.oxysporum	KJ569271	F. oxysporum JN400697.1	100
F5	F. solani	KJ569272	F. solani JQ625562.1	100
F6	F. oxysporum	KJ569273	F. oxysporum JN400697.1	100
F7	F. equiseti	KJ569374	F. equiseti HQ332532.1	100
F8	F. oxysporum	KJ569275	F. oxysporum JN400697.1	100
F9	F. oxysporum	KJ569276	F. oxysporum JN400697.1	100
F10	F. solani	KJ569277	F. solani JQ625562.1	100
F11	F. equiseti	KJ569278	F. equiseti HQ332532.1	100
F12	F. equiseti	KJ569279	F. equiseti HQ332532.1	100

Tableau 3. Pathogénicité et virulence comparée des isolats de *Fusarium* sur le niébé

Isoler	Pathogénicité	Temps nécessaire à l'apparition des symptômes (jours)	Taux de virulence
F1	Type de flétrissement	9	++
F2	Type de flétrissement	7	+++
F3	Type de flétrissement	8	++
F4	Type de flétrissement	9	++
F5	Type de flétrissement	8	++
F6	Type de flétrissement	9	++
F7	Non pathogène	-	-
F8	Non pathogène	-	-
F9	Type de flétrissement	10	++
F10	Non pathogène	-	-
F11	Non pathogène	-	-

| F12 | Type de flétrissement | 9 | ++ |

+ pathogène ++ virulent +++ très virulent - non pathogène

Tableau 4. Efficacité des fongicides sur la suppression *in vitro* de *F. oxysporum*

Sl. Non.	Fongicide	Dose (%)	Diamètre de la colonie* (cm)	Pourcentage d'inhibition de la croissance**
1	Propiconazole	0.1	0.67^b	92,58^{bc} (74,16)
2	Chlorothalonil	0.1	1.83^c	79,64^d (63,15)
3	Thiophanate- méthyl	0.1	0.63^b	92,94^{bc} (74,56)
4	Flusilazole	0.1	0.83^b	90,74^c (72,25)
5	Azoxystrobine	0.15	5.27^f	41,50^f (40,09)
6	Tebuconazole	0.1	0.00^a	100,00^a (90,00)
7	Captan+Hexaconazole	0.1	0.60^b	95,48^b (77,69)
8	Carboxin+Thiram	0.4	0.00^a	100,00^a (90,00)
9	Hydroxyde de cuivre	0.25	2.95^d	67.27^e (55.08)
10	Mancozèbe	0.25	0.00^a	100,00^a (90,00)
11	Carbendazim	0.1	0.00^a	100,00^a (90,00)
12	Oxychlorure de cuivre	0.2	4.83^e	45,97^f (42,67)
13	Contrôle	-	9.00^g	0,00^g (0,00)
	SE	-	0.10	1.76
	CD (0,05)	-	0.296	5.118

*Moyenne de trois répétitions

**Les valeurs entre parenthèses sont transformées en arc-sinus.

Les moyennes de traitement avec des alphabets similaires en exposant ne diffèrent pas de manière significative.

Tableau 5. Effet des fongicides sur l'incidence et l'indice de flétrissement fusarien du niébé dans des conditions *in vivo*

Traitements	Incidence de la maladie (%)*
T$_1$	33.30^b (35.23)
T$_2$	33.30^b (35.23)

T₃	33.30ᵇ (35.23)
T₄	0,00ᵃ (0,00)
T₅	33.30ᵇ (35.23)
T₆	0,00ᵃ (0,00)
T₇	66,70ᶜ (54,73)
T₈	66,70ᶜ (54,73)
T₉	33.30ᵇ (35.23)
T₁₀	33.30ᵇ (35.23)
T₁₁	0,00ᵃ (0,00)
T₁₂	33.30ᵇ (35.23)
T₁₃	100,00ᵈ (90,00)
SE	0.01
CD (0,05)	0.029

*Les valeurs entre parenthèses sont transformées en arc-sinus.

Les moyennes de traitement avec des alphabets similaires en exposant ne diffèrent pas de manière significative.

T_1 -Propiconazole (0,1%) T_2 -Chlorothalonil (0,1%) T_3 -Thiophanate- methyl (0,1%) T_4 - Flusilazole (0,1%) T_5 - Azoxystrobine (0,15%) T_6 -Tebuconazole (0.1%) T_7 -Captan + Hexaconazole (500 g/ha) T_8 - Carboxin + Thiram (4 g/kg de semences) T_9 - Copperhydroxide (0,25%) T_{10} - Mancozeb (0,25%) T_{11} - Carbendazim (0,1%) T_{12} - Copper oxychloride (0,2%) T_{13} -Contrôle

Tableau 6. Effet de la solarisation du sol, du mélange de fumier organique de tourteaux de neem enrichis de *Trichoderma* et de produits chimiques sur l'incidence et l'indice de flétrissement fusarien du niébé dans des conditions de terrain

Traitements	Incidence de la maladie (%)*
T₁	16,67ᵃ (14,99)
T₂	0,00ᵃ (0,00)
T₃	0,00ᵃ (0,00)
T₄	25.00ᵃ (19.99)
T₅	33,33ᵃ (30,00)
T₆	16,67ᵃ (14,99)
T₇	16,67ᵃ (14,99)
T₈	16,67ᵃ (14,99)

T₉	41,67ª (39,98)
SE	14.54
CD (0,05)	NS

*Les valeurs entre parenthèses sont transformées en arc-sinus.

Les moyennes de traitement avec des alphabets similaires en exposant ne diffèrent pas de manière significative.

T$_1$ -Solarisation du sol + mélange d'engrais organiques à base de tourteaux de neem enrichis de Trichoderma + flusilazole (0,1 %) T$_2$ -Solarisation du sol + mélange d'engrais organiques à base de tourteaux de neem enrichis de Trichoderma + tébuconazole (0,1 %) T$_3$ -Solarisation du sol + mélange d'engrais organiques à base de tourteaux de neem enrichis de Trichoderma + carbendazime (0,1 %) T -Solarisation du sol + mélange d'engrais organiques à base de tourteaux de neem enrichis de Trichoderma T - Flusilazole (0,1 %)1%) T$_4$ - Solarisation du sol + mélange de fumier organique de tourteaux de neem enrichi de *Trichoderma* T$_5$ - Flusilazole (0,1%) T$_6$ - Tébuconazole (0,1%) T$_7$ - Carbendazime (0,1%) T$_8$ - Oxychlorure de cuivre (0,2%) (contrôle chimique) T$_9$ - Témoin

a. Foliar yellowing   b. Defoliation   c. Drying up of vines

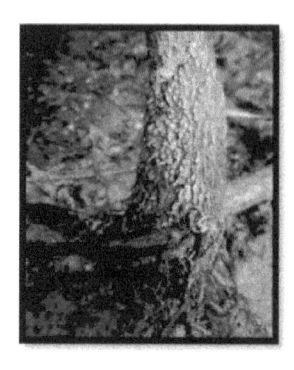

d. Basal stem swelling

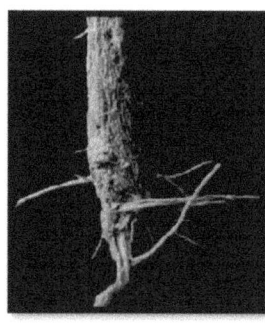

e. Shredding   f. Damage of tap roots and   g. Damage of conducting tissues
                       lateral roots

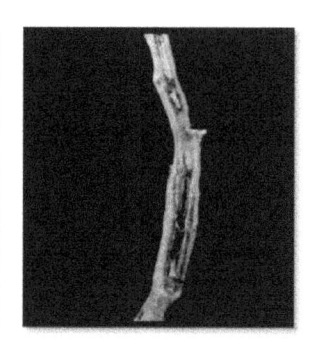

Planche 1 : Symptômes de la flétrissure fusarienne du niébé

Planche 2. Profil d'amplification PCR de la région ITS-ADNr des isolats de *Fusarium*

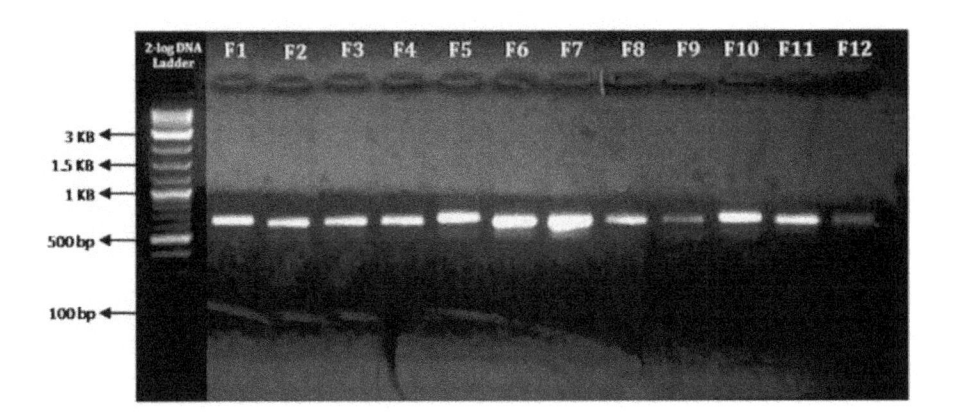

a. Healthy   b. Inoculated

Planche 3. Test de pathogénicité pour le flétrissement fusarien du niébé

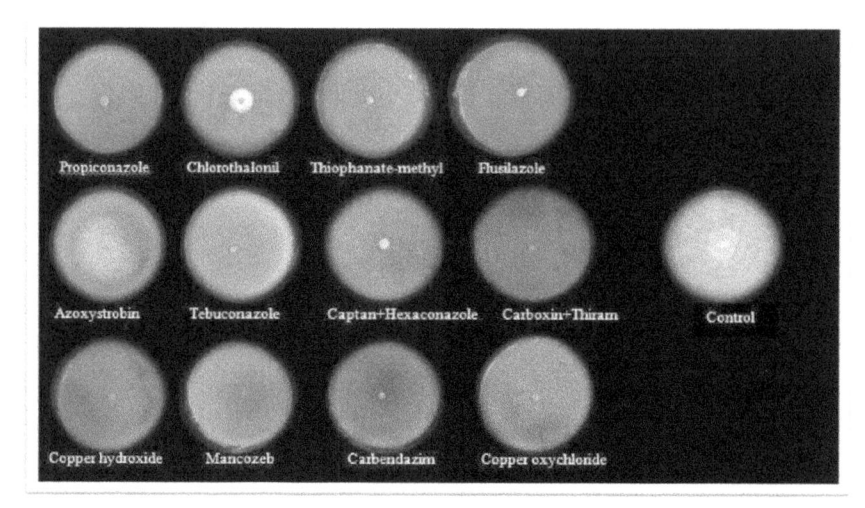

Planche 4. Effet des fongicides sur la suppression *in vitro* de *F. oxysporum*

Planche 5. Vue générale de la parcelle expérimentale

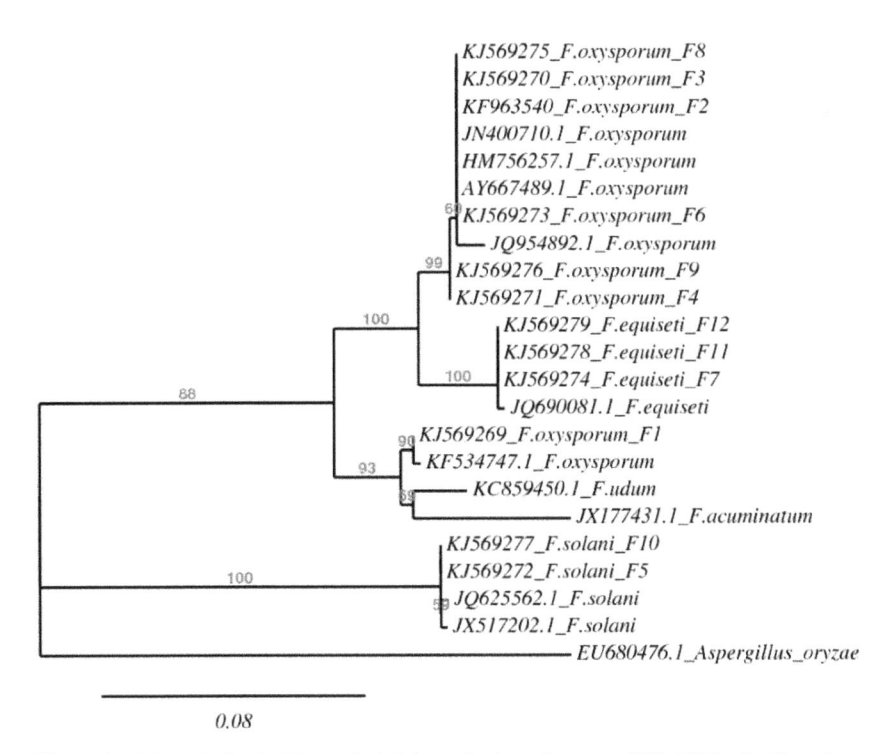

Figure 1. Arbre phylogénétique généré à partir des séquences ITS-ADNr de *Fusarium* spp. par l'analyse NJ (Neighbour Joining) (barre d'échelle = 0,08 substitutions par site).

CHAPITRE 5. DISCUSSION

La culture du niébé, un légume important cultivé au Kerala pour répondre aux besoins en protéines alimentaires, souffre d'un sérieux revers en raison de sa sensibilité à un grand nombre de ravageurs et d'agents pathogènes, parmi lesquels les maladies causées par les champignons jouent un rôle majeur. Parmi les diverses maladies fongiques, le flétrissement fusarien est largement répandu à l'heure actuelle dans toutes les régions productrices de niébé de l'État, entraînant des pertes de rendement significatives. Compte tenu de la diversité et de la souplesse des agents pathogènes, les stratégies de gestion reposant uniquement sur une seule méthode de contrôle peuvent ne pas être adéquates pour une suppression efficace des maladies. Dans ce contexte, la présente étude a été entreprise pour étudier l'efficacité des fongicides de nouvelle génération pour la gestion du Fusarium du niébé végétal et pour développer une stratégie de gestion intégrée utilisant des fongicides efficaces compatibles avec des tactiques respectueuses de l'environnement.

Les symptômes caractéristiques du flétrissement fusarien du niébé se manifestent par un jaunissement, un flétrissement et un affaissement des feuilles suivis d'une défoliation et d'un dessèchement des vignes. La base de la tige est gonflée et ressemble à un petit tubercule qui se désintègre ensuite et se déchiquette. La racine pivotante et les racines latérales sont également affectées. Occasionnellement, un aplatissement anormal de la tige le long de la pointe de croissance, une fasciation et une stérilité des fleurs ont également été observés. Les symptômes observés sont similaires aux descriptions données par Senthil (2003). Gokulapalan *et al.* (2006) ont confirmé l'association de *F. pallidoroseum* avec la fasciation du niébé végétal au Kerala.

Dans la présente étude, les isolats de *Fusarium* obtenus dans les principales zones de culture du niébé du district de Thiruvananthapum ont montré une grande variabilité dans leurs attributs culturaux, morphologiques et pathogènes. Les colonies des isolats F1, F2, F3, F4, F6, F8 et F9 de *Fusarium* spp. avaient une texture apprimée à floculée, blanche sur la surface supérieure, brun rougeâtre ou rose pâle sur la face inférieure du pétri. Les phialides étaient sub-cylindriques à légèrement obclavées. Les macroconidies étaient 3 - 5 septées, 4,6 - 7,4 x 1,4 -2,7 µm de taille, à parois minces, fusoïdes, à extrémités pointues, parfois falciformes avec une cellule terminale crochetée et une cellule basale pédicellée. Les microconidies étaient abondantes, ovales à ellipsoïdales, cylindriques, droites ou incurvées. Les chlamydospores, lorsqu'elles sont présentes, sont en position terminale. Honnareddy et Dubey (2007) ont également rapporté que les isolats de *F. oxysporum* f. sp. *ciceris* collectés présentaient une pigmentation variable du milieu allant du blanc normal au violet, brun, violet rougeâtre, violet verdâtre, rose jaunâtre et vert foncé. La forme et la taille des macro conidies et des micro conidies étaient conformes aux isolats de *F. oxysporum* f. sp. *udum* et *F. oxysporum* f. sp. *ricini* (Madhukeshwara, 2000 et Desai *et al.,* 2003).

Les colonies des isolats F7, F11 et F12 avaient une texture floconneuse, étaient d'un blanc terne sur la face supérieure et jaunâtres à brun foncé sur la face inférieure du pétridisque. Les phialides étaient courtes, compactes et obclavées. Les macroconidies étaient 3 - 5 septées, 14,8 - 17,2 x 2,2 - 3 µm de taille, à parois épaisses, typiquement falciformes, effilées vers les deux extrémités, courbées dans la partie centrale avec une cellule apicale allongée et une cellule basale pédicellée. Les microconidies étaient de forme ovale à ellipsoïdale. Les chlamydospores, lorsqu'elles sont présentes, sont intercalaires, solitaires ou en chaînes. Motlagh (2010) a décrit *F. equiseti* associé à *Echinochloa* spp. comme produisant un mycélium abondant qui était initialement blanc, devenant brun en vieillissant avec une pigmentation concomitante de brun pâle à brun foncé. Les macroconidies étaient longues et minces, avaient une courbure dorsiventrale avec une cellule apicale effilée et allongée ou en forme de fouet et une cellule basale en forme de pied.

Les colonies de F5 et F10 sont apparues clairsemées avec une surface supérieure blanc crème et un blanc sale sur la face inférieure du pétri. Des monophialides courtes, sub-cylindriques et obclavées produisaient des macroconidies minces et de longues microconidies. Les macroconidies étaient 3 - 5 septées, à parois épaisses, subcylindriques, légèrement incurvées, courtes et courbées apicalement, cellule basale indistinctement pédicellée et mesuraient 7,9 - 10,2 x 1,8 - 2,6 µm de taille. Les microconidies étaient ovoïdes et droites ou rarement ellipsoïdales à incurvées. Les chlamydospores étaient abondantes, en position terminale ou intercalaire et formées en simples, paires ou chaînes. Les résultats sont en accord avec la description de la variabilité morphologique et culturelle parmi les isolats de *F.solani* par Chandran et Kumar (2012).

Par conséquent, sur la base de la caractérisation morphologique et culturale ainsi que de la comparaison avec les clés standard décrites par Booth (1971), les isolats de *Fusarium* spp. ont été provisoirement identifiés comme étant *F. oxysporum* Schlecht, *F.equiseti* (Corda) Sacc. et *F.solani* (Mart.) Sacc. La diversité des espèces en fonction des emplacements géographiques dans le district a été décrite scientifiquement pour la première fois en ce qui concerne la flétrissure fusarienne. L'étude a révélé l'existence d'une variabilité dans les caractères culturaux et morphologiques ainsi que dans la pathogénicité des isolats de *Fusarium* spp. du niébé provenant de différents endroits. Parmi les 12 isolats, *F. oxysporum* était l'espèce prédominante et largement répandue puisqu'il a été trouvé présent dans sept lieux examinés. *F. equiseti* et *F. solani* ont été notés comme des espèces moins fréquentes et ont été obtenus dans trois et deux endroits, respectivement.

Senthil (2003) a également signalé l'association de *F. oxysporum* et *F. solani* avec le flétrissement du niébé au Kerala. Barhate *et al.* (2006) et Mandhare *et al.* (2007) ont également observé une variabilité des caractères morphologiques et culturaux ainsi que de la pathogénicité parmi les isolats de *F. udum* impliqués dans le flétrissement du pois chiche. L'infection racinaire du niébé due à *F.equiseti* avait été signalée auparavant par Ramachandran *et al.* (1982). L'implication de plusieurs isolats de *Fusarium* dans le flétrissement du niébé souligne la complexité de la maladie. Par conséquent, ces observations annoncent les chances de développement de souches plus sévères et virulentes par hybridation interspécifique, mutation, etc. qui peuvent conduire à des épiphyties sévères.

L'identité de l'espèce du pathogène a été confirmée par l'analyse des séquences ITS-ADNr. La région de l'espacement transcrit interne de l'ADNr est la séquence cible la plus utilisée dans la détection moléculaire des champignons et est également le marqueur le plus utilisé pour déduire la taxonomie de niveau inférieur chez les champignons (Bruns, 2001). Les régions ITS et 5.8S de l'ADNr sont utiles pour l'identification des espèces de *Fusarium* et sont utilisées dans les analyses des relations phylogénétiques au niveau de l'espèce et au-dessous (O'Donnell et Cigelnik, 1997).

L'amplification de la région ITS-ADNr des 12 différents isolats de *Fusarium* spp. à l'aide des amorces universelles ITS 1 et ITS 4 a produit un amplicon de 500 à 530 pb. Les résultats sont conformes aux conclusions selon lesquelles l'amplification de la région ITS-ADNr de *Fusarium* spp. appartenant aux sections Elegans, Gibbosum et Martiella, qui comprennent respectivement *F. oxysporum, F. equiseti* et *F. solani*, était d'environ 550 pb (Lee *et al.*, 2000). Une identité de 99 à 100 % a été observée entre les isolats de *Fusarium* obtenus dans cette étude et d'autres séquences de *Fusarium* spp. disponibles dans la base de données NCBI. L'uniformité de la taille des fragments ITS dans plusieurs groupes de champignons rend le séquençage nucléotidique des fragments ITS nécessaire pour révéler les variations interspécifiques et intraspécifiques (Batista *et al.*, 2008).

Selon l'arbre phylogénétique construit à partir de la région ITS-ADNr, les séquences des 12 isolats de *Fusarium* spp. ont été divisées en quatre groupes. Les groupes I et III comprenaient des souches appartenant à la section Elegans avec respectivement 99 % et 93 % de soutien bootstrap. Toutes les souches appartenant à la section Gibbosum ont été incluses dans le groupe II avec un soutien bootstrap élevé (100 %). Le groupe IV comprenait les souches appartenant à la section Martiella avec un soutien bootstrap élevé (100 %). L'analyse de la séquence de la région ITS pour différencier les *Fusarium* au niveau de l'espèce et pour déterminer les relations phylogénétiques a été tentée précédemment par d'autres travailleurs (Lee *et al.*, 2000 et Shahnazi *et al.*, 2012).

Des études sur la pathogénicité et la virulence comparative des isolats de *Fusarium* spp. ont été réalisées en suivant les postulats de Koch. *Les Fusarium* spp. ont montré une grande variabilité en ce qui concerne leurs attributs liés à la pathogenèse. Sur les 12 isolats testés, huit ont induit un flétrissement avec décoloration vasculaire et jaunissement foliaire, tandis que les isolats F7, F8, F10 et F11 se sont révélés non pathogènes et n'ont produit aucun symptôme. L'isolat F2 *(F. oxysporum)* de Palapoor n'a mis que sept jours pour développer des symptômes et s'est révélé hautement pathogène. Casas et Diaz (1985) signalent également que des isolats de *F. oxysporum* induisent un jaunissement foliaire avec ou sans décoloration vasculaire ainsi qu'une nécrose du collet et des racines sur un cultivar de pois chiche 15 jours après l'inoculation artificielle. De même, Jasnic *et al* (2005) ont examiné que *F. oxysporum* présentait un degré significatif de pathogénicité pour le soja infecté artificiellement parmi d'autres espèces, *à savoir F. avenaceum, F. equiseti* et *F. poae*, isolées à partir de plantes de soja malades. Au contraire, Senthil (2003) a observé que certains des isolats de *F. oxysporum* n'étaient pas pathogènes pour les plantules de niébé inoculées artificiellement et que cela pouvait être dû à la nature endophytique de ces isolats. Rodrigues et Menezes (2006) ont également identifié l'implication de *F. oxysporum* endophytique avec les graines de niébé.

Les observations susmentionnées laissent présager le développement de souches pathogènes plus virulentes qui pourraient ouvrir la voie à de graves épiphyties à l'avenir. Pour cette raison, la détection et la gestion à temps du flétrissement fusarien du niébé sont nécessaires pour éviter de lourdes pertes de récoltes dues à ces maladies. Parmi les options de gestion, l'utilisation de fongicides de nouvelle génération qui sont écologiquement sûrs avec des profils toxicologiques plus faibles semble meilleure. Par conséquent, les fongicides de nouvelle génération sélectionnés, *à savoir,* propiconazole (0,1 %), chlorothalonil (0,2 %), thiophanate-méthyl (0,1 %), flusilazole (0,1 %), azoxystrobine (0,15 %), tébuconazole (0,1 %), captane + hexaconazole (0,1 %), carboxine + thirame (0.4 %), l'hydroxyde de cuivre (0,25 %), le mancozèbe (0,25 %), le carbendazime (0,1 %) et l'oxychlorure de cuivre (0,2 %) ont été évalués *in vitro* et *in vivo*, afin de déterminer leur efficacité contre *F. oxysporum*.

Les résultats de l'évaluation *in vitro* des fongicides contre *F. oxysporum* ont révélé que le tébuconazole (0,1 %), la carboxine + thirame (0,4 %), le mancozèbe (0,25 %) et le carbendazime (0,1 %) ont inhibé à 100 % la croissance mycélienne de l'agent pathogène. La suppression totale de la croissance mycélienne *de F. oxysporum* par le carbendazime a été observée précédemment par d'autres travailleurs (Sharma *et al.,* 2002 ; Tripathi *et al.* 2007 et Singh *et al.,* 2010). Araujo *et al.* (2008) ont observé que carboxine + thirame @ 0,05 %, 0,1 %, 0,2 % et 0,3 % avaient le meilleur effet sur la réduction de la population de *F. oxysporum* f. sp. *cúbense*. Kanwal *et al.* (2012) ont rapporté que le tébuconazole (@ 0,007 %, 0,014 % et 0,033 %) a complètement arrêté la croissance mycélienne de *F. oxysporum* f sp. *lycopersici* à toutes les concentrations testées. Parmi les fongicides, le pourcentage d'inhibition le plus faible (41,50 %) de la croissance mycélienne du pathogène a été enregistré par l'azoxystrobine (0,15 %). Au contraire, Araujo *et al.* (2008) ont rapporté que l'azoxystrobine (@ 0,01, 0,1, 1, 2, 3 et 4 ppm) était très efficace pour réduire la population de *F. oxysporum* f. sp. *cubense.*

Des expériences de culture en pot ont également été menées pour tirer une conclusion plus spécifique sur l'efficacité relative des fongicides de nouvelle génération sélectionnés contre la flétrisure du niébé. L'évaluation *in vivo* des fongicides de nouvelle génération contre le flétrissement du niébé a indiqué que l'arrosage du sol avec du flusilazole (0,1 %), du tébuconazole (0,1 %) ou du carbendazime (0,1 %) 30, 45 et 60 jours après l'émergence des semences était très efficace pour la suppression totale de l'incidence du flétrissement. Les résultats sont en accord avec Madhavi et Bhattiprolu (2011) qui ont rapporté que l'arrosage du sol avec du carbendazime (0,1 %) et du tébuconazole (0,3 %) a enregistré une inhibition de 100 % de *F. solani* à des profondeurs d'inoculum de 10 et 15 cm. Senthil (2003) a également observé que le carbendazime était supérieur dans la suppression *in vivo* du flétrissement fusarien du niébé. L'application de fongicides chimiques a également contribué à améliorer la croissance des plantes. Les paramètres biométriques ont été augmentés à des degrés divers par l'application de fongicides, ce qui est en accord avec les résultats précédents (Senthil, 2003 et Singh *et al.,* 2010).

Même si l'application de fongicides reste l'approche la plus simple et la plus fiable pour le maintien de cultures saines dans une culture commerciale, l'utilisation exclusive de ces produits chimiques est associée à des problèmes de développement de souches résistantes, à des risques écologiques et à des dangers pour la santé, ce qui a donné lieu au concept de gestion intégrée des maladies (GIM) pour la protection des cultures et l'amélioration de la production d'une manière durable. Ainsi, sur la base des résultats des expériences en pots, trois fongicides efficaces, *à savoir le* flusilazole (0,1 %), le tébuconazole (0,1 %) et le carbendazime (0,1 %), qui ont montré l'incidence et l'indice les plus faibles des deux maladies, ainsi que le traitement des semences (carbendazime @ 2g/kg de semences), la solarisation du sol et le mélange de fumier organique enrichi de tourteaux de neem *et de Trichoderma*, ont été évalués sur le terrain pour déterminer leur efficacité dans la gestion intégrée du flétrissement du niébé par Fusarium.

L'expérience de terrain menée pour développer un paquet IDM pour le flétrissement fusarien du niébé a indiqué que la solarisation du sol, l'application d'un mélange de fumier organique de tourteaux de neem enrichi de *Trichoderma* et l'arrosage du sol avec du tébuconazole (0,1 %) ou du carbendazime (0,1 %) ont totalement supprimé l'incidence du flétrissement fusarien.

Des rapports antérieurs ont également indiqué que l'intégration de la solarisation du sol, des amendements organiques, des agents de biocontrôle et l'application de fongicides réduisaient l'incidence du flétrissement. Jadeja et Nandoliya (2008) ont rapporté que l'intégration de la solarisation du sol pendant 15 jours en été, suivie de la culture du sorgho en *kharif* et de l'application de granulés de carbendazime @ 10 kg/ha un mois après le semis ou de l'application de *T.viride* dans un support organique @ 62,5 kg/ha était très efficace pour la gestion de la flétrissure du cumin. De même, Ojha et Chatterjee (2012) ont également rapporté que la combinaison de la solarisation du sol avec l'application de *T. harzianum, d'*extrait de neem et de captane (0,01 %) a permis de réduire de 100 % le flétrissement fusarien de la tomate dans les champs de légumes du Bengale occidental. Des études menées par Senthil (2003) ont révélé que la combinaison du traitement des semences (4 g/kg de semences) et de l'application au sol (2,5 kg/ha) de *T. viride, de l'*application au sol de tourteaux de neem (150 kg/ha) et de l'arrosage du sol avec du mancozèbe (0,3 %) a supprimé efficacement le flétrissement fusarien du niébé et a également augmenté de manière appréciable la biomasse et le rendement en gousses de la culture.

La solarisation du sol et l'application d'un mélange de fumier organique et de tourteaux de neem enrichis de *Trichoderma* ont amélioré de manière significative les paramètres de croissance et de rendement des plantes, tout en réduisant les agents pathogènes présents dans le sol, ce qui est en accord avec plusieurs rapports antérieurs. La solarisation du sol supprime les pathogènes du sol tels que les champignons, les bactéries, les nématodes et les parasites, ainsi que les graines de mauvaises herbes, ce qui améliore la croissance et le rendement des plantes. Negi et Raj (2013) ont observé que la solarisation avec une feuille de polyéthylène transparent de 25 µm d'épaisseur pendant 40 jours à l'intérieur d'une serre en polyéthylène a réduit l'incidence du flétrissement de l'œillet de 81,82 %. Patel *et al.* (2008) ont rapporté que la hauteur maximale des plantes, le nombre de branches, le nombre de gousses par plante, l'accumulation totale de matière sèche ainsi que les rendements en gousses et en fanes de l'arachide ont été enregistrés lorsque la feuille de polyéthylène transparent (TPE) de 0,025 mm a été conservée pendant 45 jours. Kumar *et al.* (2002) ont également rapporté que la solarisation de champs de tomates à l'aide d'une feuille de polyéthylène transparent de 0,05 mm a permis d'obtenir les plantes les plus hautes (78,4 cm), des fruits de grande taille (0,893 kg/plante), le plus grand nombre de branches par plante (8,20 par plante), l'indice de surface foliaire (2,563) et le rendement de la culture (21,6 t/ha).

Trichoderma spp., par la production de métabolites secondaires, d'enzymes dégradant les parois cellulaires, de mycoparasitisme, de capacité saprophytique compétitive, etc., peut entrer en compétition avec les pathogènes du sol et les supprimer efficacement (Lewis et Papavizas, 1984). Il a été prouvé qu'il s'agit d'un agent de biocontrôle potentiel pour lutter contre plusieurs maladies transmises par le sol dans des conditions de serre et de terrain (Hardar *et al.,* 1979). L'incorporation au sol de fumier organique et d'amendements organiques tels que le tourteau de neem favorise la croissance de *T. viride* tout en supprimant les agents pathogènes du sol. Les amendements du sol influencent également les propriétés physiques du sol telles que la taille des pores, l'aération, la rétention d'eau, *etc.* et facilitent ainsi l'extension rapide du système racinaire et une meilleure absorption des nutriments, améliorant ainsi la vigueur des plantes.

Le rôle du mélange de fumier organique enrichi de tourteaux de neem dans la promotion de la croissance des plantes et la suppression des pathogènes du sol a été observé précédemment par d'autres travailleurs. Kulkarni et Anahosur (2011) ont rapporté que l'application avant le semis de fumier organique + tourteau de margousier + *T. harzianum* + *T. viride* était la plus efficace pour éviter l'infection par la pourriture de la tige du maïs et a enregistré le peuplement végétal maximal (97,33 %) et le rendement en grains le plus élevé (1 363,14 kg/ha). De même, Latha (2013) a également observé que l'application combinée de *P. fluorescens, de T. viride*, de tourteau de margousier et de fumier de ferme a permis de réduire l'incidence de la pourriture du collet (20,4 %) et d'obtenir un rendement maximal en gousses d'arachide (1321 kg ha)$^{-1}$.

Il est possible d'obtenir des produits de base exempts de pesticides en respectant un délai d'attente suffisant avant la récolte pour le produit chimique concerné. Il est donc impératif de fixer la période d'attente pour les fongicides utilisés dans le champ. En tenant compte de la période d'attente calculée pour différents fongicides, le tébuconazole (0,1 %) ayant la période d'attente la plus courte de zéro jour a été identifié comme le produit chimique le plus sûr pour le niébé, tandis que le flusilazole (0,1 %) et le carbendazim (0,1 %) avaient une période d'attente de huit jours qui était en dehors de l'intervalle de récolte de la culture.

Étant donné que l'utilisation répétée de fongicides agissant sur un seul site dans le champignon cible est associée à des problèmes de développement de souches résistantes, la rotation de fongicides ayant des modes d'action différents est souhaitable dans l'IDM. Comme l'oxychlorure de cuivre (0,2 %) ayant une action multi-site a également été identifié comme un fongicide potentiel dans la présente étude contre le flétrissement fusarien du niébé, sa rotation avec des fongicides systémiques fournira certainement une stratégie de gestion efficace pour ces maladies.

Ainsi, sur la base des résultats globaux de l'étude, le paquet de gestion intégrée suivant a été développé pour le contrôle de la flétrissure fusarienne du niébé dans les zones sujettes à la maladie : 1) Traitement des semences avec du carbendazime (2 g/kg de semences) 2) Solarisation du sol pendant une période de 45 jours à l'aide de feuilles de polythène transparentes pendant la saison chaude 3) Application d'un mélange de fumier organique de tourteaux de neem enrichi de *Trichoderma* @ 1 kg/puits 15 jours après l'émergence des semences 4) Application de tébuconazole (0,1 %) 30, 45 et 60 jours après la levée des semences. Afin de contrer la possibilité d'une résistance due à l'utilisation répétée du fongicide triazole, le fongicide de contact oxychlorure de cuivre (0,2 %) peut être utilisé en rotation.

RÉSUMÉ

Les études sur la symptomatologie du flétrissement du Fusarium ont révélé que les plantes affectées présentaient un jaunissement, un flétrissement et un affaissement des feuilles suivis d'une défoliation et d'un dessèchement des vignes. La base de la tige est gonflée et ressemble à un petit tubercule qui se désintègre par la suite et se déchire. La racine pivotante et les racines latérales sont également affectées. Occasionnellement, un aplatissement anormal de la tige le long de la pointe de croissance, une fasciation et une stérilité des fleurs ont également été observés. Un total de 12 isolats de *Fusarium* spp. a été obtenu à partir de plantes infectées collectées dans les principales zones de culture du niébé de Thiruvananthapuram. Sur la base des caractères morphologiques et culturaux, les isolats du pathogène associé au flétrissement du niébé ont été provisoirement identifiés comme étant *F. oxysporum* Schlecht, *F. equiseti* (Corda) Sacc. et *F. solani* (Mart.) Sacc. Parmi les 12 isolats, *F. oxysporum* était l'espèce prédominante et largement distribuée puisqu'elle a été trouvée dans sept lieux examinés. Au contraire, *F. equiseti* et *F. solani* ont été notés comme des espèces moins fréquentes avec trois et deux isolats chacun.

L'identité de l'espèce de l'agent pathogène a été confirmée par des analyses de la séquence de l'ADNr ITS. L'amplification de la région ITS-ADNr des 12 différents isolats de *Fusarium* spp. à l'aide des amorces universelles ITS 1 et ITS 4 a donné un produit PCR de 500 à 530 pb de long. Une identité de 99 à 100 % a été observée entre les isolats de *Fusarium* obtenus dans cette étude et d'autres séquences de *Fusarium* spp. disponibles dans la base de données NCBI. Les études sur la pathogénicité et la virulence comparative ont indiqué que sur les 12 isolats de *Fusarium* spp. testés, l'isolat F2 (*F. oxysporum*) de Palapoor n'a mis que sept jours pour développer des symptômes et s'est révélé hautement pathogène, tandis que les isolats F7, F8, F10 et F11 se sont révélés non pathogènes et n'ont produit aucun symptôme.

L'évaluation *in vitro* des fongicides de nouvelle génération contre l'isolat le plus virulent du pathogène a révélé que le tébuconazole (0,1 %), la carboxine + thirame (0,4 %), le carbendazime (0,1 %) et le mancozèbe (0,25 %) ont complètement inhibé la croissance de *F. oxysporum*. L'inhibition la plus faible de la croissance mycélienne du pathogène a été observée avec l'azoxystrobine (0,15 %). L'évaluation *in vivo* des fongicides de nouvelle génération contre le flétrissement du niébé a indiqué que l'arrosage du sol avec du flusilazole (0,1 %), du tébuconazole (0,1 %) ou du carbendazime (0,1 %) 30, 45 et 60 jours après l'émergence des semences était très efficace pour la suppression totale de l'incidence du flétrissement, alors que les plantes de contrôle inoculées par le pathogène présentaient une incidence de flétrissement de 100 %.

Sur la base des résultats des expériences en pots, trois fongicides efficaces, *à savoir le* flusilazole (0,1

%), le tébuconazole (0,1 %) et le carbendazime (0,1 %), qui ont montré la plus faible incidence de maladie, ainsi que le traitement des semences (carbendazime @ 2g/kg de semences), la solarisation du sol et le mélange de fumier organique de tourteaux de neem enrichi de *Trichoderma* ont été évalués sur le terrain pour déterminer leur efficacité dans la gestion de la flétrissure fusarienne du niébé. L'expérience de terrain menée pour développer un ensemble de gestion intégrée des maladies pour la flétrissure fusarienne du niébé a indiqué que la solarisation du sol, l'application d'un mélange de fumier organique de tourteaux de neem enrichi de *Trichoderma* et l'arrosage du sol avec du tébuconazole (0,1 %) ou du carbendazime (0,1 %) ont totalement supprimé l'incidence de la flétrissure fusarienne.

La solarisation du sol et l'application d'un mélange de fumier organique enrichi de tourteaux de neem *par Trichoderma* ont amélioré de manière significative les paramètres de croissance et de rendement des plantes par rapport aux plantes non traitées. En ce qui concerne le rendement en gousses, les plantes traitées avec la solarisation du sol, le mélange de fumier organique de tourteaux de neem enrichi de Trichoderma et le carbendazime (0,1 %) ont enregistré le rendement maximal (1,14 kg/plante) qui était égal au traitement avec la solarisation du sol, le mélange de fumier organique de tourteaux de neem enrichi de *Trichoderma* et le tébuconazole (0,1 %) (1,13 kg/plante) alors que les plantes témoins non traitées ont enregistré le rendement minimal (0,80 kg/plante).

En tenant compte de l'efficacité globale des fongicides, de l'augmentation du rendement associée, de la sécurité de la culture ainsi que des avantages économiques, le paquet de gestion intégrée suivant a été développé pour le contrôle du flétrissement fusarien du niébé dans les zones sujettes à la maladie : 1) Traitement des semences avec du carbendazime (2 g/kg de semences) 2) Solarisation du sol pendant une période de 45 jours à l'aide de feuilles de polythène transparentes pendant la saison chaude 3) Application d'un mélange de fumier organique de tourteaux de neem enrichi de *Trichoderma* @ 1 kg/puits 15 jours après l'émergence des semences 4) Application de tébuconazole sur *les* cultures de niébé. Application de tébuconazole (0,1 %) 30, 45 et 60 jours après la levée des semences. Afin de contrer la possibilité d'une résistance due à l'utilisation répétée du fongicide triazole, le fongicide de contact oxychlorure de cuivre (0,2 %) peut être utilisé en rotation.

RÉFÉRENCES

Adhilakshmi, M., Karthikeyan, M. et Alice, D. 2008. Effet de la combinaison de bio-agents et de nutriments minéraux pour la gestion du pathogène du flétrissement de la luzerne *Fusarium oxysporum* f. sp. *medicaginis*. *Arch. Phytopathol. PlantProt.* 41(7) : 514-525.

Adhipathi, P., Kumar, P. R., Rajesha, G., et Nakkeeran, S. 2014. Molecular detection and DNA sequence phylogeny of *Colletotrichum* spp. causing leaf spot disease of turmeric. *J. Mycol. Plant Pathol.* 44(2) : 185-190.

Akrami, M., Sabzi, M., Mehmandar, F. M., et Khodadadi, E. 2012. Effet du traitement des semences avec les espèces *Trichoderma harzianum* et *Trichoderma asperellum* pour contrôler la pourriture *fusarienne* du haricot commun. *Ann. Biol. Res.* 3(5):2187-2189.

Amini, J. et Sidovich, F. D. 2010. The effects of fungicides on *Fusarium oxysporum* f. sp.*lycopersici* associated with Fusarium wilt of tomato. *J. Plant Prot. Res.* 50(2) : 172178.

Aneja, K. R. 2003. *Expériences en microbiologie, pathologie végétale et biotechnologie* (4th Ed.). New Age International (P) Ltd. Publishers, New Delhi, 607p.

Araujo, D., Rodríguez, D., et Sanabria, M. E. 2008. Réaction du champignon *Fusarium oxysporum* f. sp. *cubense*, pathogène de la maladie de Panama, à certains extraits de plantes et fongicides. *Fitopatología Venezolana.* 21(1):2-8.

Assuncao, I. P., Michereff, S. J., Mizubuti, E. S. G., et Brommonschenkel, S. H. 2003. Influence de l'intensité du flétrissement fusarien sur le rendement du niébé. *Trop. Plant Pathol.* 28(6) : 615-619.

Auckland, A. K. et Van-der-Maesen, L. J. G. 1980. Chickpea-ICRISAT. *Crop Sci. Soc. Am.* 667 : 249-259.

Bardia, P. K. et Rai, P. K. 2007. Évaluation *in vitro* et sur le terrain d'agents de biocontrôle et de fongicides contre le flétrissement du cumin causé par *Fusarium oxysporum* f.sp. *cumini*. *J.Spices Arom. Crops* 16(2) : 88-92.

Barhate, B. G., Dake, G. N., Game, B. C., et Padule, D. N. 2006. Variability for virulence in *Fusarium oxysporum* f. sp. *ciceri* causing wilt of chickpea. *Legume Res.* 29 (4) : 308 - 310.

Batista, P. P., Santos, J. F., Oliveira, N. T., Pires, A. P. D., Motta, C. M. S., Luna-Alves, et Lima, E. A. 2008. Caractérisation génétique des souches brésiliennes d'*Aspergillus flavus* à l'aide de marqueurs ADN. *Genet. Mol. Res.* 7 : 706-717.

Bhaskar, R. B., Hassan, N. et Pandey, K. C. 2007. Efficacité des options de gestion non chimique sélectionnées pour le complexe de la maladie de la pourriture des racines dans le berseem. *Range Mgmt. Agrofo.* 28 (2A) : 153-154.

Bhatnagar, K., Tak, S. K., Sharma, R. S. et Majumdar, V. L. 2012. Gestion intégrée du flétrissement du cumin induit par *Fusarium oxysporum* f. sp. *cumini*. *Ann. Plant Prot. Sci.* 20(2) : 498-499.

Booth, C. 1971. *Le genre Fusarium*. Common wealth Mycological Institute, Angleterre, 235 p.

Bruns, T. D. 2001. ITS reality. *Inoculum Suppl. Mycol.* 52:2-3.

Bruns, T. D., White, T. J., et Taylor. J. W. 1991. Fungal molecular systematics. *Ann. Rev. Ecol. Syst.* 22 : 525-564.

Casas, T. et Diaz, J. R. M. 1985. Flétrissement fongique et pourriture des racines du pois chiche dans le sud de l'Espagne. *Phytopathology* 75 : 1146-1151.

Chandel, S. et Tomar, M. 2011. Integrated management of Fusarium wilt of gladiolus through, bioagents, organic amendment and fungicides. *J. Plant Dis. Sci.* 6(1) : 14-19.

Chandran, R. M. et Kumar, M. R. 2012. Studies on cultural, morphological variability in isolates of *Fusarium solani* (Mart.) Sacc., incitant of dry root-rot of Citrus. *Curr. Biotica.* 6(2) : 152-162.

Chattopadhyay, C. et Sastry, R. K. 1999. Intégration des outils de lutte contre les maladies pour la gestion du flétrissement du carthame. *Sesame Safflower Newsl.* 14 : 109-113.

Chaudhary, R. G. et Amarjit, K. 2002. Wilt disease as a cause of shift from lentis cultivation in Sangod Tehsil of Kota, Rajasthan. *Indian J. Pulses Res.* 15:193-194.

Chavan, S. S. 2007. Études sur les maladies fongiques du patchouli avec une référence particulière au flétrissement causé par *Fusarium solani* (Mart.) Sacc. Thèse de M.Sc. (Ag), Université des sciences agricoles, Bangalore, 98p.

Chawla, N. et Gangopadhyay, S. 2009. Integration of organic amendments and bioagents in suppressing cumin wilt caused by *Fusarium oxysporum* f. sp. *cumini*. *Indian Phytopath.* 62(2) : 209-216.

Chillali, M., Ldder-Ighili, H., Guillaumin, J. J., Mohammed, C., Escarmant, L. B., et Botton, B. 1998. Variation in the ITS and IGS regions of ribosomal DNA among the biological species of European *Armillaria*. *Mycol. Res.* 102 : 533-540.

Christopher, B. J., Usharani, S., et Udhayakumar, R. 2008. Management of dry root rot *(Macrophominaphaseolina)* (Tassi.) (GOID) of urd bean *(Vigna mungo* (L.) Hepper) by the integration of antagonists (*Trichoderma virens*) and organic amendments. *Mysore J. Agric. Sci.* 42(2) : 241-246.

Cortes, N. J. A., Hau, B., et Jimenez-Diaz, R. M. 1998. Effet de la date de semis, du cultivar hôte et de la race de *Fusarium oxysporum* f. sp. *ciceris* sur le développement du flétrissement fusarien du pois chiche. *Phytopathology* 88 : 1338-1346.

Cortes, N. J. A., Hau, B. et Jimenez-Diaz, R. M. 2000. Yield loss in chickpeas in relation to development of Fusarium wilt epidemics. *Phytopathology* 90:1269-1278.

Dereeper, A., Guignon, V., Blanc, G., Audic S., Buffet, S., Chevenet, F., Dufayard, J. F., Guindon, S., Lefort, V., Lescot, M., Claverie, J.M., et Gascuel, O. **2008**. Phylogeny.fr : une analyse phylogénétique robuste pour les non-spécialistes. *Nucleic Acids Res.* 36(2) : 465-469.

Desai, A. G., Dange, S. R. S., Patel, D. S., et Patel, D. B. 2003. Variability in *Fusarium oxysporum* f.sp. *ricini* causing wilt of castor. *J. Mycol. Plant Pathol.* 33(1) : 37-41.

Desai, A. G. et Dange, S. R. S. 2003. Effet de la solarisation du sol sur le flétrissement fusarien du ricin. *Agric. Sci. Digest* 23(1) : 20 - 22.

Drummond, A. J., Ashton, B., Buxton, S., Cheung, M., Cooper, A., Heled, J., Kearse, M., Moir, R., Stones-Havas, S., Sturrock, S., Thierer, T., et Wilson, A. 2010. Geneious v5.1 [en ligne]. Disponible : http://www.geneious.com [8 juillet 2014].

Gade, R. M., Zote, K. K., et Mayee, C. D. 2007. Integrated management of pigeonpea wilt using fungicide and bioagent. *Indian Phytopath.* 60(1) : 24-30.

Gangopadhyay, S. et Gopal, R. 2010. Evaluation of *Trichoderma* spp. along with farm yard manure for the management of Fusarium wilt of cumin *(Cuminum cyminum* L.). *J. Spices Arom. Crops* 19 (1 & 2) : 57-60.

Garkoti, A., Kumar, S. et Tripathi, H. S. 2013. Management of Fusarium wilt of lentil through fungicides (Gestion du flétrissement fusarien de la lentille à l'aide de fongicides). *J. Mycol. Plant Pathol.* 43(3) : 333-335.

Godhani, P. H., Patel, R. M., Jani, J. J., Patel, A. J., et Korat, D. M. 2010. Evaluation of two antagonists against wilt disease of chickpea. *Karnataka J. Agric. Sci.* 23 (5) : 795-797.

Gokulapalan, C., Girija, V. K. et Divya, S. 2006. *Fusarium pallidoroseum* causes fasciation and yield loss in vegetable cowpea *(Vigna unguiculata var.sesquipedalis). J. Mycol. Plant Pathol.* 36(1) : 44-46.

Gurjar, M. S. et Shekhawat, K. S. 2012. Management of wilt of muskmelon *(Cucumis melo* L.) incited by *Fusarium oxysporum* Schlecht. *Prog. Agric.* 12(1):132 -137.

Hardar, Y., Chet, I., et Henis, Y. 1979. Biological control of *Rhizoctonia solani* damping off with wheat bran culture of *Trichoderma harzianum. Phytopathology* 69 : 64-68.

Honnareddy, N. et Dubey, S. C. 2007. Morphological characterization of Indian isolates of *Fusarium oxysporum* f. sp. *ciceris* causing chickpea wilt (Caractérisation morphologique des isolats indiens de *Fusarium oxysporum* f. sp. *ciceris* causant le flétrissement du pois chiche). *Indian Phytopath.* 60(3) :

373376.

Hossain, M. M., Hossain, N., Sultana, F., Islam, S. M. N., Islam, M. S., et Bhuiyan, M. K. A. 2013. Gestion intégrée de la flétrissure fusarienne du pois chiche *(Cicer arietinum* L.) causée par *Fusarium oxysporum* f. sp. *ciceris* avec un antagoniste microbien, un extrait botanique et un fongicide. *Afr. J. Biotechnol.* 12(29) : 4699-4706.

Jadeja, K. B. et Nandoliya, D. M. 2008. Gestion intégrée du flétrissement du cumin *(Cuminum cyminum* L.). *J. Spices Arom. Crops* 17 (3):223-229.

Jasnic, S. M., Vidic, M. B., Bagi, F. F., et Doroevic, V. B. 2005. Pathogénicité des espèces de *Fusarium* dans le soja. *Proc. Nat. Sci.* 109 : 113-121.

Jimenez, I. L., Saldivar, H. L., Cardenas-Flores, A., et Valdez-Aguilar, L. A. 2012. La solarisation du sol améliore la croissance et le rendement des haricots secs. *Acta Agric. Scandinavica* 62(6) : 541-546.

Joshi, P. K., Rao, P. P., Gowda, C. L. L., Jones, R. B., Silim, S. N., Saxena, K. B. et Kumar, J. 2001. The world chickpea and pigeonpea economies : facts, trends, and outlook. In : Shiferaw, B., Silim, S., Muricho, G., Audi, P., Mligo, J., Lyimo, S., You, L., et Christiansen, J. L. (eds.), Assessment of the adoption and impact of improved pigeonpea varieties in Tanzania. *J. SAT Agric. Res.* 3(1).

Kannaiyan, J. et Nene, Y. L. 1981. Influence du flétrissement à différents stades de croissance sur la perte de rendement du pois cajan. *Trop. Pest Manag.* 27 : 141.

Kannaiyan, J., Nene, Y. L., Reddy, M. V., Rajan, J. G. et Raju, T.N. 1984. Prévalence des maladies du pois d'Angole et pertes de récoltes associées en Asie, Afrique et Amériques. *Trop. Pest Manag.* 30 : 62-71.

Kanwal, A., Anjum, F., Qudsia, H., Javaid, A., et Mahmood, R. 2012. Évaluation du tébuconazole et du thiophanate-méthyle contre certains pathogènes végétaux problématiques transmis par le sol. *Mycopathol.* 10(1) : 17-20.

Karimi, R., Owuoche, J. O., et Silim, S. N. 2012. Importance et gestion du flétrissement fusarien *(Fusarium udum* Butler) du pois d'Angole. *Int. J. Agron. Agric. Res.* 2(1) : 1-14.

Katan, J., 1981. Chauffage solaire (solarisation) du sol pour la lutte contre les ravageurs du sol. *Annu. Rev. Phytopathology* 19 : 211-236.

KAU (Université agricole du Kerala). 2011. *Package of Practices Recommendations : Crops* (14th Ed.). Université agricole du Kerala, Thrissur, 360 p.

Khare, M. N. 1980. *Wilt of Lentis.* Jawaharlal Nehru Krishi Vishwa Vidyalaya, Jabalpur, Inde, 155 p.

Kiprop, E. K. 2001. Caractérisation des isolats de *Fusarium udum* Butler et résistance au flétrissement chez le pois d'Angole au Kenya. 2001. Thèse de doctorat (Ag), Université de Nairobi, pp 12-13.

Kishore, R., Singh, J. et Pandey, M. 2008. Management of wilt disease caused by *Fusarium oxysporum* f.sp. *lini* in linseed through cultural practices. *Ann. Plant Prot. Sci.* 16(2) : 425-427.

Kulkarni, S. et Anahosur, K. H. 2011. Gestion intégrée de la pourriture sèche de la tige du maïs. *J. Plant Dis. Sci.* 6(2) : 99-106.

Kumar, A., Lal, H. C., et Akhtar, J. 2012. Caractérisation morphologique et pathogénique de *Fusarium oxysporum* f. sp. *ciceri* causing wilt of chickpea. *Indian Phytopath.* 65(1) : 6466.

Kumar, V. K. K., Nanjappa, H. V., et Ramachandrappa, B. K. 2002. Growth, yield and economics of weed control as influenced by soil solarization in tomato. *Karnataka J. Agric. Sci.* 15(4):682-684.

Kurmut, A. M., Nirenberg, H. I., Bochow, H., et Buttner, C. 2002. *Fusarium nygami,* un agent causal de la pourriture des racines de *Vicia faba* L. au Soudan Mededelingen. *Universiteit. Gent.* 67 : 269274.

Latha, P. 2013. Efficacité des agents de biocontrôle et des amendements organiques contre la pourriture du collet de l'arachide. *J. Mycol. Plant Pathol.* 43(4):461-465.

Lee, Young-Mi, Choi, Y. M., et Min, B. R. 2000. PCR-RFLP and sequence analysis of the rDNA ITS region in the *Fusarium* spp. *J. Microbiol.* 38(2) : 66-73.

Lewis, J. A. et Papavizas, G. C. 1984. A new approach to stimulate population proliferation of *Trichoderma* species and other potential biocontrol fungi introduced into natural soils (Une nouvelle approche pour stimuler la prolifération de *Trichoderma* et d'autres champignons de biocontrôle potentiels introduits dans les sols naturels). *Phytopathology* 74 : 1240

Madhavi, G. B. et Bhattiprolu, S. L. 2011. Évaluation des fongicides, des pratiques d'amendement du sol et des bioagents contre *Fusarium solani* - agent causal de la maladie du flétrissement du piment. *J. Hort. Sci.* 6(2):141-144.

Madhukeshwara, S. S. 2000. Etudes sur la variation et la gestion du flétrissement *fusarien* du pois d'Angole *(Cajanus cajan).* Thèse de maîtrise en sciences agricoles, Université des sciences agricoles, Bangalore, 94 p.

Mahesh, M., Saifulla, M., Sreenivasa, S. et Shashidhar, K. R. 2010. Gestion intégrée du flétrissement du pois d'Angole causé par *Fusarium udum* Butler. *EJBS* 2(1) : 1-7.

Mandhare, V. K., Suryawanshi, A. V., et Jamadagni, B. M. 2007. Variabilité entre les isolats de *Fusarium* spp. causant le flétrissement du pois chiche dans le Maharashtra. *Madras Agric. J.* 94 (1-6) : 136-138.

Mbwaga, A. M. 1995. Fusarium wilt screening in Tanzania. In : Silim, S.N., King, S.B., et Tuwaje,

S. (eds.), *Improvement of Pigeonpea in Eastern and Southern Africa*. Réunion annuelle de planification de la recherche 1994 ; 21-23 septembre 1994, Nairobi, Kenya, pp. 101-102.

McKinney, H. H. 1923. Influence de la température et de l'humidité du sol sur l'infection des plantules de blé par *Helminthosporium sativum. J. Agric. Res.* 26 : 195-218.

Mclean, K.L., Hunt, J., et Stewart, A. 2001. Compatibilité de l'agent de biocontrôle *Trichoderma harzianum* c52 avec des fongicides sélectionnés. *N. Z. PlantProt.* 54:84-88.

Mishra, P. K., Fox, R. T. V., et Culham, A. 2000. Application of nr-DNA ITS sequence for identification of *Fusarium culmorum* isolates. *Bull. OEPP.* 30(3/4) : 493-498.

Motlagh, M. R. S. 2010. Isolation and characterization of some important fungi from *Echinochloa* spp. the potential agents to control rice weeds. *Aust. J. Crop Sci.* 4(6):457- 460.

Musmade, N., Pillai, T. et Thakur, K. 2009. Biological and chemical management of tomato wilt caused by *Fusarium oxysporum* f. sp. *lycopersici. J. Soils Crops* 19(1) : 118-121.

Mwangombe, A.W., Kipsumbai, P. K., Kiprop, E. K., Olubayo, F. M., et Ochieng, J.W. 2008. Analysis of Kenyan isolates of *Fusarium solani* f. sp. *phaseoli* from common bean using colony characteristics, pathogenicity and microsatellite DNA. *Afr. J. Biotechnol.* 7 (11) : 1662-1671.

Najar, A. G., Ahmad, Mushtaq, Ganie, S. A., et Qaisar, A. 2012. Évaluation de certains amendements du sol et fongicides sur l'incidence du flétrissement et le rendement du piment. *Int. J. Plant Prot.* 5(2) : 245-247.

Naseri, B. 2008. Root rot of common bean in Zanjan, Iran : major pathogens and yield loss estimates. *Aust. Plant Pathol.* 37 (6) : 546 - 551.

Negi, H. S. et Raj, H. 2013. Effet de la solarisation du sol sur le potentiel pathogène et la viabilité de *Fusarium oxysporum* f.sp. *dianthi* causant le flétrissement de l'œillet. *Indian Phytopath.* 66(3) : 273-277.

Nene, Y. L. et Thapliyal, P. N. 1993. *Fungicides in Plant Disease Control* (3rd Ed.). Oxford et IBH Publishing Co. Pvt. Ltd, 691p.

Nene, Y. L., Reddy, M. V., Haware, M. P., Ghanekar, A. M., et Amin, K. S. 1991. Diagnostic de terrain des maladies du pois chiche et leur contrôle. In : *Bulletin d'information No. 28.* Institut international de recherche sur les cultures des zones tropicales semi-arides, Patancheru, Inde, 51p.

Nikam, P. S., Jagtap G. P. et Sontakke P. L. 2007. Management of chickpea wilt caused by *Fusarium oxysporium* f. sp. *ciceri. Afr. J. Agric. Res.* 2(12) : 692-697.

O'Donnell, K. et Cigelnik, E. 1997. Deux types d'ADNr ITS2 intragénomiques divergents au sein d'une lignée monophylétique du champignon *Fusarium* ne sont pas orthologues. *Mol. Phylogenet.*

Evol. 7 : 103-116.

O'Donnell, K. 1992. Ribosomal DNA internal transcribed spacers are highly divergent in the phytopathogenic ascomycetes *Fusarium sambucinum (Gibberella pulicaris). Curr. Genet.* 22 : 213-220.

Ojha, S. et Chatterjee, N. C. 2012. Gestion intégrée du flétrissement fusarien de la tomate avec mise en œuvre de la solarisation du sol. *Arch. Phytopathol. PlantProt.* 45(18) : 2143-2154.

Orton, C. A. 1902. La maladie du flétrissement du niébé et son contrôle. *U. S. Dep. Agric. Bull.* 17 : 9-20.

Patel, P. P., Patel, M. M., Patel, D. M., et Patel, M. M. 2008. Effet de la solarisation du sol sur les propriétés du sol, la croissance et le rendement de l'arachide. *Haryana J. Agron.* 24(1/2) : 12-15.

Patel, S. I. et Patel, R.L. 2012. Organic amendments in the management of Pigeonpea wilt caused by *Fusarium udum. Environ. Ecol.* 30(3) : 549-551.

Raj, H., Upmanyu, S., Sharma, R. C., et Sharma, J. N. 2005. Integration of soil solarization with cruciferous leaf residues for the control of *Fusarium* wilt pathogen of gladiolus. In : *Integrated Plant Disease Management- Challenging Problems in Horticultural and Forest Pathology,* Scientific Publishers, Jodhpur, Inde, pp. 215-220.

Ram, H. et Pandey, R. N. 2011. Efficacité des agents de bio-contrôle et des fongicides dans la gestion du flétrissement du pois d'Angole. *Indian Phytopath.* 64(3) : 269-271.

Ramachandran, P. A. S., Summanwar, et Lal, S. P. 1982. Cowpea top necrosis caused by *Fusarium equiseti* (Corda) Sacc. *Curr. Sci.* 51(9) : 475-477.

Rathaiah, Y. et Sharma, S. K. 2004. A new leaf spot disease on mungbean caused by *Colletotrichum truncatum, J. Mycol. Plant Pathol.* 34 (2) : 176-178.

Reddy, M. V., Raju, T. N., Sharma, S. B., Nene, Y. L., et McDonald, D. 1993. *Manuel des maladies du pois d'Angole.* Bulletin d'information 14, Institut international de recherche sur les cultures des zones tropicales semi-arides, Andhra Pradesh, 64p.

Reghunath, P., Gokulapalan, C., et Umamaheshwaran, K. 1995. *Integrated Pest and Disease Management of Crop Plants.* State Institute of Languages, Thiruvananthapuram, Kerala, 220p.

Riddel, R.W. 1974. Slide cultures. *Mycologia.* 42 : 265-270.

Rodrigues, A. A. C. et Menezes, M. 2006. Identification et caractérisation pathogène des espèces endophytiques *de Fusarium* provenant de graines de niébé. *Anais da Academia Pernambucana de Ciencia Agronomica, Recife* 3 : 203-215.

Saravanan, T., Muthusamy, M. et Marimuthu, T. 2003. Développement d'une approche intégrée pour lutter contre le flétrissement bactérien de la banane. *CropProt.* 22 : 1117-1123.

Saremi, H. et Saremi, H. 2013. Isolation des espèces de *Fusarium* les plus communes et l'effet de la solarisation du sol sur les principales espèces pathogènes dans différentes zones climatiques de l'Iran. *Eur. J. Plant Pathol.* 137(3):585-596.

Saxena, K. B., Kumar, R.V., et Rao, P.V. 2002. Pigeonpea nutrition and its improvement. *J. Crop Prod.* 5 : 227-260.

Senthil, K.E. 2003. Gestion intégrée du flétrissement fusarien du niébé végétal *(Vigna unguiculata* subsp *sesquipedalis* (L.) Verdcourt). Thèse de maîtrise en sciences agricoles. Kerala Agricultural University, Thrissur, 110p.

Shahnazi, S., Meon, S., Vadamalai, G., Ahmad, K., et Nejat, N. 2012. Caractérisation morphologique et moléculaire de *Fusarium* spp. associés à la maladie du jaunissement du poivre noir *(Piper nigrum* L.) en Malaisie. *J. Gen. Plant Pathol.* 78:160-169.

Sharma, R. L., Singh, B. P., Thakur, M. P. et Verma, K. P. 2002. Chemical management of linseed wilt caused by *Fusarium oxysporum* f. sp. *lini. Ann. Plant Prot. Sci.* 10(2) : 390391.

Sinclair, J. B. et Backman, P. A. 1989. *Compendium des maladies du soja.* (3rd Ed.). The American Phytopathological Society, Minnesota, USA, 106p.

Singh, R. S. 2002. Principes de pathologie végétale (4th Ed.). Oxford & IBH Publishing Co. Pvt. Ltd, New Delhi, 385p.

Singh, R. S. et Sinha, R. P. 1955. Etudes sur la maladie du flétrissement du niébé en Uttar Pradesh - Occurrence et symptômes de la maladie et identité de l'organisme causal. *J. Indian Bot. Soc.* 34(4) : 375-381.

Singh, V. K., Naresh, P., Biswas, S. K., et Singh, G. P. 2010. Efficacité des fongicides pour la gestion de la maladie du flétrissement de la lentille causée par *Fusarium oxysporum* f. sp. *lentis. Ann. Plant Prot. Sci.* 18(2):411-414.

Singh, V. P., Dixit, A., Mishra, J. S. et Yaduraju, N. T. 2004. Effect of period of soil solarization and weed control measures on weed growth and productivity of soybean *(Glycine max).Indian J. Agric. Sci.* 74(6) : 324-328.

Sivakumar, T., Eswaran, A., et Balabaskar, P. 2008. Bioefficacy of antagonists against for the management of *F.oxysporum* f.sp. *lycopersici* and *Melidogyne incognita* disease complex of tomato under field condition. *Plant Arch.* 8(1) : 373-377.

Sivaprasad, B., Kamala, G. et Ganesh, P. S. 2013. Efficacité de *Trichoderma viride* pour induire une résistance aux maladies et des réponses antioxydantes dans la légumineuse *Vigna mungo* infestée par

Fusarium oxysporum et *Alternaria alternata*. *Int. J. Agric. Sci. Res.* 3(2) : 285-294.

Sreekala, G. S. et Jayachandran, B. K. 2006. Effet des engrais organiques et des inoculants microbiens sur l'absorption des nutriments, le rendement et l'état des nutriments du sol dans un jardin de cocotiers en culture intercalaire de gingembre. *J. Plantn. Crops* 34(1) : 25-31.

Sumanal, S. K., Ramakrishnan, S. S., Sreenivas et Devakii, N. S. 2012. Field evaluation of promising fungicides and bioagents against Fusarium wilt and root knot complex disease in FCV tobacco crop. *J. Agric. Technol.* 8(3) : 983-991.

Tamietti, G. et Valentino, D. 2006. Soil solarization as an ecological method for the control of *Fusarium* wilt of melon in Italy. *Crop Prot.* 25(4) : 389-397.

Thankamani, C. K., Dinesh, R., Eapen, S. J., Kumar, A., Kandiannan, K., Mathew, P. A., Babu, K. N., Sheeja, T. E., et Madan, M. S. 2008. Effect of solarized potting mixture on growth of black pepper *(Piper nigrum* L.) rooted cuttings in the nursery. *J. Spices Arom. Crops* 17(2) : 103-108.

Tripathi, U. K., Singh, S. P., Surulirajan, Jha, D. K., et Patel, D. 2007. Studies on the wilt disease of chickpea caused by *Fusarium oxysporum* f.sp. *ciceri*. *Prog. Res.* 2 2(1/2) : 5357.

Vincent, J. M. 1927. Distorsion des hyphes fongiques en présence de certains inhibiteurs. *Nature* 159 : 800.

White, T. J., Bruns, T., Lee, S., et Taylor, J. W. 1990. Amplification et séquençage direct des gènes de l'ARN ribosomal des champignons pour la phylogénétique. In : Innis, M. A., Gelfand, D. H., Sninsky J. J., et White. T. J. (eds.), *PCR Protocols : A Guide to Methods and Applications.* Academic Press, Inc, New York, pp. 315-322.

Zainudin, N. A. I. M., Sidique, S. N. M., Johari, N. A., Darnetty, Razak, A. A., et Salleh, B. 2011. Isolation et identification des espèces de *Fusarium* associées à la maladie de la pourriture de l'épi du maïs. *Pertanika J. Trop. Agric. Sci.* 34 (2) : 325 - 330.

Zian A. H. 2005. Études sur la pourriture des racines du lupin et la maladie du flétrissement. Thèse de maîtrise en sciences agronomiques, Université du canal de Suez, Égypte.

Zote, K. K., Nikam, P. S., Suryawanshi, A. P., Lakhmod, L. K., Wadje, A. G., et Kadam, T. S. 2007. Integrated management of chickpea wilt (Gestion intégrée du flétrissement du pois chiche). *J. Plant Dis. Sci.* 2(2) : 162-163.

I want morebooks!

Buy your books fast and straightforward online - at one of world's fastest growing online book stores! Environmentally sound due to Print-on-Demand technologies.

Buy your books online at
www.morebooks.shop

Achetez vos livres en ligne, vite et bien, sur l'une des librairies en ligne les plus performantes au monde!
En protégeant nos ressources et notre environnement grâce à l'impression à la demande.

La librairie en ligne pour acheter plus vite
www.morebooks.shop

info@omniscriptum.com
www.omniscriptum.com

OMNIScriptum